EASY

SUDOKU PUZZLES

FOR ADULTS

I0443850

BELONGS TO

____

____

____

HOW TO PLAY?

Solving Sudoku puzzles involves a combination of logic, elimination, and trial-and-error. Here's a step-by-step guide to help you solve Sudoku puzzles:

- **Start with Easy Numbers:** Begin by identifying the numbers that are already given in the puzzle. These are usually easier to find because they are often strategically placed to provide starting points.
- **Use the One-Number-Per-Cell Rule:** In each row, column, and region, no number can appear twice. Use this rule to identify numbers that cannot go in certain cells based on what's already present in the same row, column, or region.
- **Use the Cross-Hatching Technique:** Focus on a specific row, column, or region, and see which numbers are missing. Cross-hatch by process of elimination to determine where a particular number could possibly go.
- **Use the Subset Technique:** Look for subsets of numbers within a region, row, or column. For instance, if you have three cells in a row where the numbers 2, 5, and 7 can go, then these numbers can be excluded from other cells in the same row.
- **Look for Hidden Singles:** Sometimes a number might be the only possibility for a cell, even though it's not the only number missing in its row, column, or region.
- **Use Pencil Marks:** In cells where you're unsure of the final number, you can make small notations (pencil marks) of the possible numbers that could go there based on the current state of the puzzle. These help you keep track of possibilities.
- **Use Elimination:** If a certain number must go in a certain region, row, or column, you can eliminate that number from other cells within the same region, row, or column.
- **Solve by Deduction:** Continuously apply the rules and techniques mentioned above to fill in more numbers. As you place more numbers, it becomes easier to deduce the placement of other numbers.
- **Trial and Error:** If you reach a point where you can't deduce the next move, you might need to resort to trial and error. Pick a cell with the fewest possible options and try placing one of the options. If you encounter a contradiction, backtrack and try a different option.
- **Practice and Patience:** Sudoku is a skill that improves with practice. The more puzzles you solve, the better you'll become at spotting patterns and applying logic.

Remember that while advanced Sudoku puzzles might require more complex techniques, most puzzles can be solved using the basic techniques mentioned above. With patience and practice, you'll improve your solving skills over time.

SUDOKU - 1

7		2			5	9	1	
		8	4	3				2
9	3		1		7			
4	7	1	2	5		3		9
2	9	5	3	1			8	7
	6				4	2	5	1
		7	5	4	2			
6				9		1		
5				6	1	7	3	4

SUDOKU - 2

	7	4	1		8	6	5	
5	8	2	3		6	7	9	1
			7	5			4	
8	6		5		7			
		7			2			
	4		9	8	3	5	6	
		6	2	3	4	8		
4	2			7			3	6
7	3					4	1	2

SUDOKU - 3

3		1	5	2				4
2		4	8		7	6	1	
	7			9	4		2	5
6	8		3			2		7
4	1			7	8		9	
	3			4	5	8	6	1
7	2		9	6	1			8
5	6		4		3	1	7	
1				5	2			

SUDOKU - 4

	5		4					
2	7					5	3	9
	8		2	9			7	1
7			6	5		3		
		5	9	4		7	1	
		2	7	8	1	6		
5	9	7		2	4	1	6	3
1				7			5	
	4		5	1	6	9		

SUDOKU - 5

2	8			5		7		
	3	4					2	5
	5		9	6		8	4	
9			6	7	3			8
	1	6	5		9		7	4
3	7	2	8	4	1		9	6
1	9		4	3	5		8	
							5	7
			7	1		4	3	9

SUDOKU - 6

	9		2	6	7	4	3	5
	6	2		3	5	1		9
	3			8		6		
5	4		8	2	1	7		
	7				4		5	
			5		3		6	4
		9		4	8			2
8	5				2	3	4	6
		4	7	5	6	9	1	

SUDOKU - 7

5	8		2		3	4		9
4				1	9		3	2
	9	2					1	8
9	1		7	6		3		5
			3	9	4	1		7
	4	3	5		1	2		
8	7	4	1	2		9		
	3			5	7			1
1	2	5	9	3	8	6		4

SUDOKU - 8

				2		4	1	9
	2	7	9		1	3		8
9	3	1	4		8		7	
	5	4		7	6		8	
	9			8	3			4
	6		5	9			2	3
6			7	4		8	9	
8		9		1		5	3	7
	7		8				4	

SUDOKU - 9

	1	6		9		4	2	
9		5	1			7		
7	4	2	6	3			5	
	6	7				8		
1					6	3	7	
8		3	2	7		6	1	
5	9			4	3	2		7
	3			6	7	1	4	9
	7	4	9	1			8	3

SUDOKU - 10

	2			5	9	1		6
				2	1		9	
	1	9	7	3		2		4
8	5		3	6	4	9	1	2
3	9		1		5			
	4			9		3	5	
1		4		7		5		9
2	7	5	9		8		4	
9	6	3		4				

SUDOKU - 11

4	6	7		2	3	9	1	
1	9	2	7				3	
			1		9	7		6
	8				1	2	9	3
	4					6	8	7
			6	8	2	1		4
	1		3		6	5	4	
	2		8	5		3	7	1
	3	4	2		7		6	

SUDOKU - 12

	5	7	2		1		4	3
1	9		4	7	3	6	5	8
3	6		8					
					2	5		1
							7	9
5	2	1	9			3		4
6	4	8		2				5
2		5		3	4	8		
		9	5	1	8			

SUDOKU - 13

3	2			1		8	9	
9	8	7				4		5
		1	8	4		7	3	2
7	4	9		3	8	6	2	
1			6	2	4	9	5	
		5	1				8	
	7	2		5	6	1	4	
4		3			1	5		
5				8		2		

SUDOKU - 14

1	5	7					2	4
3			7	1	2	5	6	9
9	6		4			3	7	
	2		9	7	1	4	3	8
		9	8		6		1	
8	1	3			5		9	
2			5	8			4	
	3	4				6	8	7
	8		3			9	5	2

SUDOKU - 15

	2	3	9				5	4
6	1				4	3	2	7
5	4	8			2	9	6	1
4		7		6	8		3	5
2	5			7			9	8
	3	1	4	9		6		2
3	8					5		
		2	5	8		7		
				4	3			

SUDOKU - 16

2	4	8	7			9	3	
		1			9		6	
3		6		4	1			
1		5			6			9
		2	1	9	7	5	4	
4	7	9	2	5				6
8	1	7	9		4		2	
	6	3	5		2		8	4
5	2		6				9	

SUDOKU - 17

	7	8				4		
9	5		8	1	6	3		
	6	2				8		5
	4		5			9		2
8			1		7	6		
5	3				9	7		1
			4	5	1	2	7	8
	8	5		7	2	1		9
2			3	9	8	5		

SUDOKU - 18

3			6	4	9	5	8	
	4	6	2	5				9
2		9	8	3	1	4	6	7
7	1				8			3
				1	4	6		
				2				5
	9					8	3	6
6	3	7	4		5	2		1
	8	2	3	9		7		4

SUDOKU - 19

	7	1				6		5
5	2	4			1		9	7
	3		2	7	5	1		8
7				2	4	9	1	
1	5	3	6	8		4	7	2
	9	2			7	8		
			1		6	2	3	4
			4		8			
3	4		7			5		1

SUDOKU - 20

			5	6		7		3
6					3	4		2
3	2			1		9	6	8
2		8				5		9
5		9	6	2			4	
1		7	3					
4	5		8		6	2		1
	1		7	3		6	8	4
		6			1		9	5

SUDOKU - 21

	5	7		8		1		
		8	9		3		7	5
1	6				2		4	
	3		8	6		5		7
	1	5	2	9	7			4
7					4	2	8	
					5		1	8
5		1		4	8	9		
6		4		2	9		5	3

SUDOKU - 22

3	5		7					1
1	7	6			9	3	4	
9	8	2	3	4		6	7	5
2		1	4		7			9
7	9			5	2	4		3
6	4		8	9	3		1	
5		9	2	7	8			4
8		7			4	2	5	
4			6	1				

SUDOKU - 23

		8	5					4
	3	5	9	6	1	7	2	
	1	7	8	2		5		
3	4		2	7	8	6	5	1
			4	1			3	
5		1	6	9	3	2		7
1	2	4						
7						4	9	2
8		6				1		

SUDOKU - 24

		2	3		8			6
6	5	7		2	1			9
3		1	9	5	6		4	
	6					9	7	
		9	8	6	2		5	
				9	5	4		
8			2	1	9		3	5
9	3	6			7	8	2	1
	2	6				7		4

SUDOKU - 25

	3				9	8	7	5
8		9	4	3		2	6	
	5		7	2	8	4	3	
	9			4			8	
5		6	9			3	2	4
4	2		8	5		9		7
	1	5				7	4	
9	4		3	7		6	5	
			5			1		3

SUDOKU - 26

7	2				5			
5				8	1	7		3
	3	1	2	7			4	
4	8		1	9	7		3	
3			8	6	2	4	1	
	1	7	3			9	6	
9	4				3	6		
6		2			8	3		1
	7	3	9			8		4

SUDOKU - 27

9			3		1	6		8
8	3			9	6			
1	7			4	8	9	2	3
7			1		9			4
3		1	7		4	8		
			6	8			3	7
2	1		8				7	9
	9				7	3	8	
4	8		9	1			5	6

SUDOKU - 28

5			9			7		3
3		9		8			6	1
6	4			2	3			8
7	1		6	9	8	4	5	2
4		6		1			3	7
8		5		3	7	9	1	6
1			8	5		6		9
		8	1					4
	6	7		4	9	1		5

SUDOKU - 29

	1	9	2	4	8			6
4		2			6			3
	7			9	3	4	2	8
	3	8		5		2	1	4
	2	5		3	4			7
7	6			2	1		3	
	9			8		6		
	4		7	1		9		5
8				6	9		7	

SUDOKU - 30

4	7	8		5		9		
1	3		9					
6	5	9	7	3	1	2		8
2	6	1			5		8	7
			1	2	3	6		4
3		5	6			1		
7				4	9		3	
	1		8		2	4	7	9
9		4			7		2	6

SUDOKU - 31

9	1	5		2				
8		6					3	1
7	4				9	2		
4	8		6	3		5	7	
	6			8	7	4		3
3	7		9	5	4	6		8
	9		5			1	8	
				9	1		5	6
1	5	7	2	6		3	9	

SUDOKU - 32

	8		3				1	2
		7		1	4	5	9	8
		2	8		9			6
1	4	8		3			6	5
5	2	6		9	8		7	
		9		6			2	1
	9		6	2	3		5	7
6				4			8	
2		1		8		6	4	

SUDOKU - 33

1	4	3		8	9	6		
5	7							4
2	6	9	5	4	1	8	7	3
3	9				2	7	8	6
	1	4	8		7	5		
8								
			1	6	5		4	
4	3			7	8	9	6	5
7			3				1	

SUDOKU - 34

3	1			7		9	2	8
7	9	8	6		2	3		4
2		4						1
6	3	9		8	5		4	2
8	4		2			5	6	
		5		6	3	8	9	
		1	8		7			
				4			1	5
5		3	1		9	4	8	6

SUDOKU - 35

1	8	4		6	7			
7				2			9	1
2	3		4		5	8		6
8	4	6			2			
		1	6			5	8	7
9	5	7	3			6	2	4
	1	3		4	8		6	
	7	8		3	9		4	2
					6	3		

SUDOKU - 36

				5	6	4		7
	5		7		4	3	1	6
	4		1			2	5	8
			4		1	9		2
	6	4	9		2	1	8	
2	9		3				7	
9	1				7	8	6	
	8		6	3		5	4	1
	3	6			8		2	9

SUDOKU - 37

		5		4	8			
4				2		6		9
9			6	7	1		5	2
8	7	6		5		2		1
	9	4	8	1		5	7	3
	3	1			2			
7	5	8	2	6	9	3		
1	6	9	4				2	8
			1	8		9	6	5

SUDOKU - 38

				9	4	3	5	7
9			8		7		4	
4	7	3			2	8		
7	9						8	
5	4	1	7	8	9	2	6	3
3	8	6		5	1	9	7	4
	2		3		6	5	1	
	3	7	9					
				2	8		3	

SUDOKU - 39

8	2			4	5		3	
9		4	8		7			5
	7		3			4	8	
3		9	7		6	1		2
	4	8			1		6	3
		2	4		3	9	7	8
	6	7			9	8		
	9	1		2		3	5	
		3		7		2	9	6

SUDOKU - 40

9			5		3	8	6	
8	6	7		2	1	5	4	3
3			6	7			1	
7	3	8		5				9
		5	3		9	6		8
	9		7	8	2	4		
	8	6		9				
			8		5		9	1
	2				4	7	8	6

SUDOKU - 41

4				3	9			
8	9	3	7	1	6	2		5
	1	6				9	3	7
			2	7	8	5		
			9					
				6	4		8	9
1				9		4	7	2
7	2		8		3		9	6
9	6	4		2		3	5	

SUDOKU - 42

	9	4	1	6	5	7		2
		6	3			4		8
2		7		4	9	1	6	5
	7	8		3	6		2	4
4					8	6		
	6	2		1	4	9		7
		3		5		2		
	2			8		3		6
6	4	5		9	3		7	

SUDOKU - 43

	9	7	5	8		2		6
6		2	7	3		9		4
	4	5		6				3
	7	1	6			4		5
2			4			6		7
	5		3			8	2	
7	1		8		6	5		
			1	4	7	3	6	8
8	6	4	2	5	3			

SUDOKU - 44

6	4	1		8			5	
5	2	8	1	7	4			
9	3		2			8		4
3	5	4	8	1	6	2		7
	8						4	3
		2	3		6			
					1		3	
8			7	5	9			1
2	1		4		8	5	7	6

SUDOKU - 45

1		6	5			4	9	
9	7	3		6			5	
	5		2	3		6		
3		4				1	2	
2				4		7	6	
	8		1		2	5		
	4				7	9	8	
	3	9	6	1			7	5
	6	2	9	8	5	3	4	

SUDOKU - 46

3		6	7	1				9
			5	6	3	7		8
	7				9			
6	8			7			3	2
					2	8	6	5
4		3	8					
	3	7	6	8		5		
8	6	1	3	2	5		7	
5	4	2	1	9	7	6		3

SUDOKU - 47

			9	7		8		2
	8		1			7	4	9
	9			4		6		5
		7	8		1	3		4
4	5	1		3	7	9	2	8
8		3					7	6
6					3	5		7
			5	6			9	3
	3	5		8	9		6	1

SUDOKU - 48

	4			8		5		2
3	9	6	7	5				4
			4			9	7	3
8	5		1	4	7	2	9	6
6				9	3			
	1	7			5			8
	3		9	7				
4	6	9	5	3		1		
				1	6	3	4	9

SUDOKU - 49

	6	9	8	3	2			1
3	1	4			5		9	2
8				4			7	6
1	4		2	7	6		3	
2	7				3		1	
		5					2	7
		1	6	2	9		5	3
5	9	7		1		2		
6		3			7	1		9

SUDOKU - 50

4	8	9			1			
	1	6		4	7		2	9
2	5		6	8	9	3	4	
1	6		9	5		7	3	
				6	8			
5	9		1	7	3			6
	2		7			6	9	
				9	2		7	3
9	7	3	4	1		2		8

SUDOKU - 51

				6	9	2	3	
7						5		9
	9	2			4	7	6	8
9	3	1	6					5
8	2	5		7				
6			9	8	5	3	2	1
	8	7	1	5			4	
	5	9	4	3	7	6	8	2
4	6		2		8			

SUDOKU - 52

	6	8		3		5		
						3	6	4
5	4		6				8	
		4	2					8
9	5		1					6
	7	6			5	2	1	
			3	9	2	4	7	5
	9	5		7	6	8		
4		7	8	5	1	6	2	9

SUDOKU - 53

4	2		5	8	9	7	1	6
9		5	2	6		4	8	
8						5	2	9
5				4				2
2	4	8	1	3			7	
6			7	5				
		2	4			1	6	8
				2		3	9	
	9	6	8		3	2	5	4

SUDOKU - 54

		2	7		8	6		4
	4	9	6	2				5
8	7			3		9	1	
7			9		6	2		
2		5	3		7	8		1
		3	5	8		4	6	
		7	1	6		5		
4		1		7				6
6		8	2	5			7	

SUDOKU - 55

	8		3			2	6	
	3	1	2	5		8		7
			4	9		3		1
	4	6	5		9	7	1	
7	5		6	1			2	
	1	3		8		5	9	6
	9		8			6	7	4
5		8						2
3				6		9	8	5

SUDOKU - 56

8	7	6	2			1	3	4
	3		6	8		2	9	7
		9	7		3			
				9				2
2			8		4	9	7	5
	4				2	6	1	8
	8	5	3			4		9
	9	2						1
4	1	7	9	2	5	8	6	3

SUDOKU - 57

2			1	4			7	
4	1		8	6	9	5	3	2
9	6	5	2	7	3			1
	7	1	4	2		3		9
8				9		1	5	
				5		2		
6	4		5	1			9	
					4	7	2	5
	5		9	8	2	6		

SUDOKU - 58

		1		9			4	3
9	3		8				2	
			7	4		8		1
	1		9		4	3		8
4		3			8	2	1	
	9		3	2	1		7	
	7	5		6			8	
6	2		1			4	3	7
1	4		2	3		9		6

SUDOKU - 59

6			1	4	5			
7			2			9	5	
2			9	7			6	
5	6		4		7			
8	2	7			9	4	1	
4	3	9		1	8	5	7	2
9	5		3		2			1
3	4		7		1	6		8
	7			9	4		2	5

SUDOKU - 60

		8		6		9	1	3
3					1	4	8	6
9		1	8		3	5	2	
4	8		6	3	7	2	5	1
		7	9		5			8
5							3	9
8		3						
6	5		1	7				4
1	9	4	3	5				

SUDOKU - 61

		6	5	3		9		8
		9	1		6		3	2
	2	5					7	1
	6		4	9		3	5	7
9		7			5		8	
5	3	1	8	6	7		2	9
8	1		6	5		7	9	4
		3	7		4	2	1	
		4		1	9			3

SUDOKU - 62

	8	4	9			2		7
9				7	6	1	4	
	2				8	5		9
5	9	3	8	6			2	4
		2			9	8	1	6
8	1	6	7	2	4	9	5	3
				8	7		9	2
3	6	8						
			6	4				1

SUDOKU - 63

1	8	4	3		9			
			5			4	9	
				6	7	3	8	
4		3	6	7		9		8
6	2	7	8	9	4	5	1	3
9	5	8			3			
2		9				8	5	
3		1						4
8		5	7	4			3	9

SUDOKU - 64

8	2	1	4	6	5	7	3	9
3		5	8	7		1		2
9	6	7	2					5
	8			4	1	9		3
4			5				1	6
5		9					4	7
6	3				7			
1			9		4		7	
	9	4		5			2	1

SUDOKU - 65

	7	3	2		4	8		
6	5	8		7		4		
	2			6	9			3
	1	7	9	4		5		2
5	6		7		2	9		
3				1	8		7	4
	8	5	4			3	9	
7	4		3	9		2		
		9		8	5	1		7

SUDOKU - 66

	5	7	6	3		8	2	9
			2		8			3
	8		1		7		5	4
8		6	5			9		
		5	4		9	1	6	
4	9		8	6	1			7
	2	9	3	8		4	7	
7	3	1	9			2		6
			7	1			9	5

SUDOKU - 67

			3		8	7		4
	5	4			7	1		
8	9	7	4			2		
	3		7	9		8	4	
7	2	9		8				
	8	6	5	3		9		7
		8	1	6		4		9
	4	3		7			8	1
6	1	5	8	4		3	7	2

SUDOKU - 68

7	6				5		2	4
					2	6	1	
2		3					7	
3	7	9	2		1			
8	4	5	3				9	
6		2	4	8	9	3		7
		7			6		3	8
		8	5	4	3	7		9
5	3		7			2	4	

SUDOKU - 69

5	8		4	6	1			9
	2			5			1	
	4	6	7	9	2	3	5	8
2	3	4	5	1	9	6	8	
7	1				6			2
					3	1	9	
	6	5				8		
4	7	2			5		6	3
8	9	1	6				4	

SUDOKU - 70

			9			4	5	
5	4		6		1	2		
	8	9	2	5		3	1	6
		1	3	7		9		
9	2			4				5
4	3	8	1	9			7	2
		4	5	1		7		9
8	9	2		6		5		1
	7		4	2			6	3

SUDOKU - 71

4	1		6		7			
8		2	3		1			7
5	7		8			6		
		4			3		5	
7				6	9	2	1	3
		6	2	1	5			4
2	5		9	3	6	4	7	8
	3	7			8			
			1			3	9	5

SUDOKU - 72

7	1	4			2		9	
6	8	3		4		5		
2		5				8	1	
1		7					6	
9	6		4		3	7		
5	4		2	7	6			9
	2	1		6	4		8	5
4	5	9	3	2		6		
	7		5			2	4	

SUDOKU - 73

		5	2	3			9	1
3	9	2	5	1		8	7	6
	1	7	8		6		2	
2	4		6		9		1	8
7		8	1			9	6	
		1			2	5		
5		6		2	8		3	4
8		9	4			2		
	2	4	3		5		8	

SUDOKU - 74

5	8		7	6		4		9
		6	8	4	5	1		7
	1		9			8		
3	6	9	1	5	7	2		
	7			2	4			6
	4	1	6		8	5		3
4	3		2	1	9			8
1				7	6		4	2
	5	2	4			7	9	

SUDOKU - 75

	3	7	5	6		8		
4		6						9
	2				8			
8			1	5		2		7
	7	1	4	2	6	9		3
2			7		9	5	1	4
	1				2	6	9	5
7	5	8		9	4	3		1
6		2	3	1	5	4	7	8

SUDOKU - 76

3			6					7
	8				3			
4		1	9	7	8			
			1	3	5		7	
5	1	2	8	6			4	9
	7				9	5	1	8
7	3	8		1	6	9	2	4
			7	8		1	3	5
1	5							6

SUDOKU - 77

9			7		5	2		3
3	2	7	8	4		5		
1	5	6	3	2	9	7		
	7				3	6		5
8	3		1		6	4		7
4		5		7	2			
	1				8		7	2
	9		6	1	4		5	8
		3		9		1		6

SUDOKU - 78

	7	9			4	1		6
2	6							5
4			6	2	3	9		8
	2	4	3		7			1
6	9		1	4		2	5	
5		3	9	6	2	4		
9	3	6	2		5	8		4
1	4							2
	8	2		3		5		9

SUDOKU - 79

1					9	2	4	3
6	9	3				8		5
	4	7	8	3				6
9		5					2	1
3	8		5		1	4		9
				2		5		
	2	9	1		3			
			2	9		1		
5	7	1	6	8		3	9	2

SUDOKU - 80

		9	2		6			7
		5	7		9		4	
	6		1				9	
	5	1	6		2	8		4
	2	4		8	3		1	
	9	8	4		1	6	5	
9	8		3		4		7	1
		2			7			3
	7	3			5		2	8

SUDOKU - 81

	6		8				5	2
	2	5	9	7	6	8	1	
	3	1	2	5	4			9
9	1		4	2	7	3	8	
			5	6		7		
5		3	1	9	8	2	4	
	9	7		4	2			
6		2				1	3	4
	8					9		

SUDOKU - 82

					8	7		2
9	1		5	2	7			4
2		8	6				5	9
3	9	1		8			2	7
8				5	3	9	1	
6	5	7	2		9	3		
	4		8	7	5	2	9	3
		9				4	7	1
			9	4		8		

SUDOKU - 83

	8		7				9	2
6		9		2	1			5
		5				7	6	
1	5	7			6	9	4	
9		2	1	4			8	7
		8		5		2		
		6	3	7	8			
8	3	4				6		9
7	2	1		9	4	3	5	8

SUDOKU - 84

6		8		3	7	5	4	
4			8				7	3
2				9	5		1	
9						7	3	
1	7	6			3		9	
8	4	3	9				5	1
	2		3	4	8			
		9	1	5	6		2	
	6	4	7	2		1	8	

SUDOKU - 85

4				1	6		7	2
1	2	9	7	5	3	8		
7		8	4	2	9	3		
3			6		7		2	
2		7			5		6	
		6		3	2			9
6				9		4	3	7
		4		6	1	2	9	
	5			7	4			

SUDOKU - 86

	2	6		3				1
1			8	2	6		3	
5		8		9	4		2	
	7	9	2			4	6	8
		1		7	8	3		2
8		2			3			9
		3		4			1	5
9	6			1	2		4	
2			3		5			7

SUDOKU - 87

			8	4			2	7
7	8	6		2				9
		2	7					
6	9				7	8		3
			1	6	3	9	5	2
2			9	8	4	7	6	1
3		5			8	2	9	
		8			9	1	7	6
9	6	7		1		5		8

SUDOKU - 88

	2							9
8	7		3	1			6	5
5	4	1	6	8	9			
	3		9		5	2	8	7
7					1	6	9	3
	6		8	7	3	1		
3	9	6		5	4	7	2	8
		5	7				4	
4						5		1

SUDOKU - 89

7	6		4	5	1	8		
			2	7	9	4		
9	4			6	8			2
	2		8		5	1	6	
		8	6	1	2			4
6	1			3		2	8	5
	3	5		8	6	9	4	1
4				9	3		2	
1				2		6		7

SUDOKU - 90

1		4		5				9
9	2	3	8		7		5	6
8	7			1	6	2	4	
		6		9	8			
	8	2			5		6	1
			6	2		7	8	5
6			5	8	2	4		
	9					5	3	8
	5	8	3	7	9			2

SUDOKU - 91

6	4	7	9					2
	3		7	1	2			4
	9		6		4		5	
	5	2	1	3			7	
3		6		9	7	5	4	
1			8					
7				6	1	3	8	
					8		2	5
	1	8	3	2	9	4	6	

SUDOKU - 92

	3		8	1				
		6		2		8	4	
7	5			4	6	1	9	2
			2		1	4	7	8
	2	1	4	8	7	3	6	5
8			5				2	1
2	7		6		8		1	9
6					4			
	1	3	9		2			4

SUDOKU - 93

	3		8		4	2		9
7		9				8		
			3	7	9	4	5	6
9	1	6		8				
	5	8		4		9		2
4		7	9	5		3		
	9	3		2			8	4
8	7	4	6	9			2	3
			4	3		1		7

SUDOKU - 94

1		4			5	9	7	
			4		7		1	3
	9		3		1		4	
3		1			2	5		8
8			1	5	6	7		
5	7	6		4			9	
4		3	7			1	2	9
9		2	5		4	3		7
	1		2		9	4	5	

SUDOKU - 95

3		8				9	7	
1	5	9		2	7	6		
7		2		8			1	5
5		4			6	7		8
6	1	3	2		8			
	8	7	4				3	6
4	2		6		3	8		7
	7	1					6	
	3	6			9	2	4	1

SUDOKU - 96

4	3		7	9	8	6	5	
			4				2	3
9		1	3	6	2			
8		4		7				
7			2		3	5	4	6
5			9			8	7	
		8	6		7			5
	7	5	1		9		6	
	9	6	8	5		1		7

SUDOKU - 97

7	8		6		5	9	3	
4	9		7			6	2	1
		3		4	9		5	
2			5	9				
3		9	8		6		4	2
6		1	3	2	4		9	8
9		7		8			6	5
5	3	4	1					
			9		7		1	

SUDOKU - 98

3	1		4	8	7		5	6
7	6		3			1		8
	5				6	4	3	
1	7			3	4	8		2
4	9		5		8			3
	3		7		1	5	9	4
6	8			7	5		4	
9	2		8	4				
5	4	7	6		2	3	8	

SUDOKU - 99

	9		5	6		2	4	
			7	1	4	3		
1	6	4	2	9	3		8	5
		9			6	5	1	7
	4	1		2	7			6
3	7			5		4	2	
		5			2	1	7	
	3				9			
4	1		3	8		6		

SUDOKU - 100

8			2			4	1	7
		2		8				
7		1				2	8	6
3		7	8		9		6	5
2	8		3					4
9				6	4	8	2	
5		8		9		3	4	1
1		3	4		8			2
6		4		3	1		9	

SUDOKU - 101

	4		6				9	1
	1				8	3	2	7
				3		6		4
1		8					7	9
		2	3	9	7	1		8
		7	8	1	4	5	3	2
	8		5	2			1	6
	9	5	7		1	2		3
		1		6	9		8	

SUDOKU - 102

	2		4	3	8			6
6		1					4	8
3	4		1		6		2	5
9		6	2	7	1	8	3	
1	3			6	4		5	2
4	8	2	3		9	6	7	1
5						2	6	
		9	6	1			8	
					2			7

SUDOKU - 103

		9		8			2	6
7	2		6	9				4
	6					3		
			3	6	2		9	
	3	6	5	7				
			1	4		6	3	2
3		2			7	1	6	8
5	9		8	3	6	2	4	7
6	7	8			1	9	5	3

SUDOKU - 104

5	7	4				3		
8	3	6	5	4	7	9	2	
2	1	9	6			7	5	4
9	2		7	6	8	1		3
	8			2		5		
	6		1	3				2
	4	2		5		6	7	
	9		4		6	2		
6	5	3	8				1	

SUDOKU - 105

7	4			6	8	3		1
			5	2	1	7		6
	1	6	4			5		
5		4	3	9	2	6		7
	2			1	4	9		8
	7	1			5	4		
3	5		1	7	6	8		
	9			4	3			5
	6	8	2		9		7	3

SUDOKU - 106

	4		8	7				1
	3		2		4	6	8	5
1		5		3	9	7	4	
9		4			6	3		8
5			9		3			6
		8	7		1		5	9
	9	3		5			6	4
	7	1	4	6				3
		6	3		8		2	

SUDOKU - 107

1			5		4	8	3	6
4		3	1			2		5
			3	2				
6		2	8	1				7
9		8		5	7	6		
		5	9	6		4		
2		1	7			3	8	9
8	9	7		3	1	5		2
	5		2	8		7	6	

SUDOKU - 108

7	3	9	6	1	4		5	8
	2		9		7	4		1
6		1		8	5	9	3	
	1	4						2
2		6				3	4	9
5	8						1	
	5			7	6	1		3
		8	5	2				
	6	7	3	4	9	8		5

SUDOKU - 109

	2			7		9	1	4
	8	1	6	4	9	3		
9	3	4						6
1	6	3	9	8	5	2	4	
			4			5	6	3
		5	7	6				
		7		2		4		
			1	9				2
6	9		5	3		8	7	1

SUDOKU - 110

1	5			4	7	8		3
3	7		1		8			
	8		6			7	1	2
6	4			2	9		3	7
9	3	7		1				5
2		5				4	8	
5	9	1		6	2			8
8	6			7		2	4	
	2				1	9	5	

SUDOKU - 111

5	2		3	9			6	8
9	8		5		4	3		
1			8	6	2		5	7
7	9		1	5		6	3	2
2	6			4	3		9	
			6	2	9		1	
4			2	3	6			
3	1		9		7	5	4	
			4	1	5		8	

SUDOKU - 112

1	8			2	4	7		6
7	9		3				8	2
2		5		7	8	3	9	4
6	4	2	7			8	3	5
	5			3	2	4		7
3	1		4					9
		6	8					
	7	1		6	9	2		
		9	2	1	7	5	6	

SUDOKU - 113

		5	2	4		1	6	
	3			7	1	4		9
1	4	7	9				2	5
7					2	8	3	1
2	8	3	7		5	9	4	6
4				6	8		7	2
3	6	1						
	7		1	2		6		
5		4			9	7		

SUDOKU - 114

3	6	8			9	4		
4		5			1	8		9
	7			8	4		2	5
8	3	2		4	7			1
6	9							8
5			8	3	6		9	4
7	8	9			3		4	
1		6	7	5			8	3
		3	4	9	8	1	7	6

SUDOKU - 115

					9	4		1
1				2	7	6		9
	4	9	1		6	2	7	
5			3	1	8	9	6	2
	2			6	4			3
	1				2	5		
7	9		6	8	1	3		
	8			9	3		2	6
	3		2		5		9	7

SUDOKU - 116

				3	6		8	
8						9	5	
7	2			8	5	3		
1	3	7	5	9				8
9	6	8	4		3			7
	4	5	7	6	8	1	3	
6	8	2		5				
4	5	9	8	7		2	6	3
3								5

SUDOKU - 117

	9	8		1		4	5	7
		2			4	1		
	3				7	2		8
	6	9		7		8		
	7	1		4				2
3	4			6	8		7	
	2	7	4	8	6			
4		6	1		9	7		5
9	1	3		2	5	6	8	4

SUDOKU - 118

1	5	7		3		8		
8		2				5		7
	9			7	8			2
	8		7	6	3	2		
4	2	6	8	5				3
3	7	1		4		6	8	
	4	8		2	7			1
7		3				4	2	6
2	6	5		1		7		8

SUDOKU - 119

		6		1	4	3		7
	1			9	3	2		8
3				5		6		1
		3		4	6	1	8	
	7			2	9			3
9	6	4		8		7		5
	3		9	6		8		
6		9	1	3	2			4
1	5	2			8		3	6

SUDOKU - 120

1	4		3	5	6			
		3	8	1	4	9	6	5
5	6	8	7	2	9	3		
		1	2	7	3	6	4	9
	3			4	1			8
4		2		6	8	7	3	
6			4		5		9	
	1	5		8				
3		4					5	6

SUDOKU - 121

	9			3	2	7		
2	6	4		8		3	9	5
8	7		6					4
	8	7	9	1	5	6	4	
4	2	5		7		9		
9	1	6	8	2	4	5	7	3
6		2				8	5	1
			2	6	1			
						2		7

SUDOKU - 122

4		1			5	2		7
2			9	4	8	6		
3	9		7	2			5	
5		8	4			9	2	6
9		2	8		7	3		4
	4		2		9	7	8	
7		9			6	5	4	
			3		4		6	9
	1		5		2		7	

SUDOKU - 123

		1			5	2	3	7
5			3			6	8	1
	6	3	2	7	1	9		4
6		2					7	3
3	1		4		7		9	6
					3		1	
	3	6	5		2			8
	8		7	3				5
	7	5	8	1		3	2	9

SUDOKU - 124

				1	2			9
7	8		5		3			
							3	
	3		7	2	9		8	
		2	3	5	8	9		
8	9			6			2	3
	4	8				1	6	7
9	7	6	4	8	1	3	5	2
1	2	5	6		7	4	9	8

SUDOKU - 125

5	1	8		4	9	2	7	3
4		2	8			9	1	
				2		8	5	4
	2	6		7		5		
1			2	3			8	
	7	4		1	5		3	
			3			7		
7	6				2	1	4	9
			7	6	1	3	2	

SUDOKU - 126

	5						9	4
			5			7		
					2		6	
8			2	5	6			7
4	2		7		1	6	8	3
7	6	1		4			2	
1	8	2	9	7	5			
6	7		1			9		8
5	9	4	6	8	3	2		1

SUDOKU - 127

	9		5		7	3	8	
1	7	4	9					6
3	5		6		2			
		5	8	6	9	1	2	4
	6	2	4			9		
4	1	9	3	2	5	6	7	8
6		3	1					7
				5	3	4		
	4		2				1	3

SUDOKU - 128

6	8	3	2	7	4	5		1
2			3	9			6	
9	7					4	3	
		2	6			8	4	
7		8	5	4		6		9
						1	5	7
		9	4		1	3	7	
3			8		9		1	4
1	6	4			2	9	8	

SUDOKU - 129

7	6	4	3	5	1	9	2	8
1			9	7	4		5	
5		3						7
	5				3			
9		6	2	8	7	4		
		7	6	4	5		1	
6			7		9		8	1
					2	6	7	4
2	7	1	4	6	8	5	9	3

SUDOKU - 130

		1		7		3		2
3				8	2	9	1	
			9		3	5	6	4
1	7	2	3	5	6		9	8
		3	2					6
	6					1	2	3
2				3				
8	5	4	7	6				1
9	3	6		2		8		

SUDOKU - 131

2		8	4		1	7	6	
			6			3		8
	6		9		8	2		1
6		1			3	4	9	
4	2	9	5	1	6	8	7	
	7	3		4		6	1	5
3	1					9	8	4
7			1	9		5		6
	4					1	2	

SUDOKU - 132

4		6				3	2	
9			2					6
2	3	8	1	6			4	
		2	9		6			
7	9		5		4	2	6	
			7		8	5		
1	4	9	6	5	2	7	8	3
	5	3	4	7	1		9	
	2				9	1	5	4

SUDOKU - 133

			5	2		8	4	7
8	4		1	9		5	3	
	7		3	8	4		1	9
			6	7	3		5	
6	8		2		9	3		
	3		8	4	1		9	6
1			7	6		4	8	
3	6		4		8			
4		8	9		2		6	1

SUDOKU - 134

	2	6	7	8	5		3	4
	3		9	2	6	1		
8	9	7			3	2	5	6
			5	7	1	4		
9	6		8	3	4	7	2	5
		5	6		2		1	
3						6	9	2
	5							7
4			3	6			8	1

SUDOKU - 135

2	3	6	1	4		5	9	8
4		8	2	9	5			1
9	1	5			8			4
7	8	9		5	6		1	
							8	
		3	9	8	2			
				2	1		7	
8	2	7	5	3			4	
3	9					8	5	2

SUDOKU - 136

7	5						8	6
1	6	3	8	7	9	2		4
		8			6	7	1	
4	8	6	7					
	1		4	9	3	6		8
		7	6		8		4	1
5		9		3	4	8		7
			5			1	2	
8	7	1	9	6	2			

SUDOKU - 137

6	3	4	5			2	9	
	2	7			4		8	
9		8	6		3		5	7
2	4	1			5	9	6	
	6	5		9	1	3		
7			8				1	2
4	5		7		8	1	2	
3	8	9	1		2		4	
	7		4				3	5

SUDOKU - 138

5	1				4	8	6	9
		6	2	5	8	3		7
7	3	8	1	6	9	5	4	2
	5	4	8	9		6		
		7				1	2	5
3	6				7			
	8		4			2		6
	7	3	6	8	2	9		
6		5	9		3		8	

SUDOKU - 139

3	5	9	8		1	2	7	6
		8	7		2		9	5
		2				8		
	1	4		3	6	5		
		3		7			6	2
					8	7	3	
9	2	7		1	4			8
8		5	9			4	1	
4	3		6		5	9		7

SUDOKU - 140

9		6						
4	5			6	1	9		7
	8	1	4	5	9	2	6	
1		3		7		8	5	9
	9					1	4	2
8	2	5		9	4	3	7	
5			8	4		6	3	1
		8	9	1		7		4
2	1						9	

SUDOKU - 141

		4			1	3	5	2
3		6		7	8		1	9
	1	9	2		8	7	6	
6		3			9			
	7				5		6	4
4	9	2		8		5		
	6		9	4		1		5
2				5			9	
9	3		1	6	2			

SUDOKU - 142

	4		5	7	1	9	8	
7		5	9		8	6	4	1
					4	7		2
9		3		6	5	8	1	7
			2	1		3	9	
4	1	7		9				6
		4	3					9
3	7				9			
2		1	7	5	6	4	3	8

SUDOKU - 143

5				2		7		8
4	7	3		6				
	8	9			1		6	3
6	5		2	8	7	9	3	4
7	3		6	5		2	8	
				3	4	6		5
9	4			1	6		2	
	2		8		5			
	6		4				5	9

SUDOKU - 144

8		6	9	4	5	1	7	
		7			6	2		4
1		4	2	7		5	6	
9		3	5		8		4	
		1		9				5
2	5		3		4	7	1	
	8	2	6	5	1	9	3	
3	1	9	8	2	7			

SUDOKU - 145

5						4	8	6
	1	6					9	
3				5				1
	3	5	8	9	7	1		4
1		4	3	6		7		
7	2	9				8	6	3
				7	5	6	3	
2	6	3	4		9	5	1	7
		7	1	3	6			2

SUDOKU - 146

4		3			2	6	5	8
2				4		9		3
	1	9	5	3			7	
5	2			7				9
		4	2		9	5		
7			4	8	5	1		2
	8	5	3	2	1	7	4	
1			8	6		3	9	5
		7			4	8	2	

SUDOKU - 147

6		4	1		9	8	7	3
8			3	4			5	
5		3	7			9		4
		1		7				
7	4		9			5		1
2		9	5		1			7
4	7	2	8	1				9
9	8				4	7	1	2
1		6		9	7			5

SUDOKU - 148

	5	3	1		7		4	
	1		4		9	3		
	4	2	3	5				1
	2	8				4	3	
	9		2		1	5	8	
5		7	8				9	
4	7	9			2	6		3
	8	5		1	3	9	2	
	3	1	9	4	6			5

SUDOKU - 149

	5		8	1			3	9
4	8	2	6		9	7		1
1		9			5	6	4	8
		1	4	7	8			3
	7	3			2		9	
	4		1	9			2	
	1	8	9	5			7	2
		7			1			
	6		3			9	1	5

SUDOKU - 150

	6	1			5	3		2
	5	3		2	8		1	
	8	4		1	3	5	7	9
				5	6	7	9	
5	9	6		3		2		8
		2		4		6	3	5
4	1		3	9	2	8		
6	2	7			4			3
		9	5			1	2	4

SUDOKU - 151

	8	1	7	4	5			2
7			6	2		1		5
	2	5		8		7		6
	7		8	9			2	
			2		7	8	9	1
			5	1	4	6		
			4	5			1	
4	1		9	6		2	5	8
3	5	8	1	7	2			9

SUDOKU - 152

	8			1	5			9
	7		3		9	8		1
6		9	8	7	2			5
4	9			6	8		1	3
	3	8	4			5	7	
1			7	2		9		4
		6	9	5	4	1		7
	4	1				6		
7	5		1	8	6	4		

SUDOKU - 153

			5	6		2		1
	8		9	7		6		3
4		2	1			5	9	
	2	3	4		5	7	1	9
	1			9	3	4		6
	5						3	2
3	7		8	5		9	2	
				4			6	5
	4		3				7	8

SUDOKU - 154

1			4	7	9	3	6	8
	9	8	6	5	1		7	
4	6		2	3	8	9	1	5
	2	9	7		6		3	
6					2	7	8	4
7		3						
			9				5	
5	7	4	1	8	3		9	
	8	6	5		7			3

SUDOKU - 155

1		2			6	5		8
	6	8		5	9		3	1
9	5	3		4	8		6	2
8							4	9
5		4	9	1	3		8	6
6	3				4		7	
2				7			5	4
		5	4	9	2		1	7
4	1	7			5	9		

SUDOKU - 156

			8	9	4	2		
4	2		7	3	1	8	5	9
		9	2		5		7	
6						1	2	4
	9	4						5
3	5		1	4			6	8
	4	1	5	7	6			
			4	1		5		7
5	7	3			2	6	4	1

SUDOKU - 157

9			3		2			
8		3	9	1	5			4
1			4	8			2	
		9		3	1		4	
	8	4	5	2			3	7
			7	4	8	5		6
3	1	2			6			
4		5	1	7	3		8	2
7	6	8		9	4		5	

SUDOKU - 158

1	2				4			8
4		8	2	5	6			3
3	5			8	7	9		4
8	1		3	7		6	4	2
		5		6			3	
6		2				8		7
9	6		7					5
2			5	1				6
	7	3				2		1

SUDOKU - 159

8			5	6	1			
9			8	3	4	6	5	7
3		5		2				
7		3				5		4
			6		8	9	3	2
6	9		4				7	8
1	3					7		
4				1	6		9	5
2		6	9		7	8		3

SUDOKU - 160

	4	9	6		5	2		7
	5	6	2		3			
			7	4			5	6
	6	4	8		2	1		5
	2	7		6	1		9	
	8		5				2	4
	9		1		7		4	2
	1	8		5	4	7	6	
4		5		2	6		1	8

SUDOKU - 161

9		5	1		8			
		4	7	9		8		1
		1	2	5	3	9	7	
7	3	8	9	2	5			
	4	2	6		1		3	9
		9	4		7	5		2
	5		3		9		4	8
1	9	3	8			2	6	
			5		2		9	7

SUDOKU - 162

	1	2	9			8	4	6
	4		1	8	2			9
	9	3	6		7	5	2	
2	7	8			4	9	1	5
3			2	1	8			4
		1	7		5			8
	2	6	8				5	3
	3	4		2	9		8	7
		7	4	3				

SUDOKU - 163

9		7	8			5		2
6				9	5		8	1
8				6	7	3	9	
3		4					1	7
2		1	4	7	8	9		
7	8		6					
4	9	8	5	2	6	1		3
	7				9	2	5	8
		2	7		1	6		

SUDOKU - 164

			7			4	2	3
4	3							
		9	1		4			5
5	2	7	8	6	1			
		1	4			5	6	2
	9			2	5	7	1	8
7		3	5	4	8	2		6
9	6			7	3	8	4	1
		2	9	1		3		

SUDOKU - 165

	7			3	9			4
	1			2	6		3	5
6	3		7	4		9	8	
				6			7	3
	6		1				5	9
		7	3	9		8		1
2	4			1		5		7
		6	4			1	2	
	5	1	9		2	3	4	6

SUDOKU - 166

			7	3		5	8	
5	4							
		9					4	
3	6	1		9	7			
			1	6	5	9	3	
		5		2	3	1	7	
1	3	4		7		6		8
	7				6	4	2	
6	5	2	9	4	8	3	1	7

SUDOKU - 167

		4		1	2	9	3	
3		8	4				2	
5				7			1	
	7			3		5	4	
4	5	3				2	8	9
2				4	9	6	7	3
8	4		6		1	3	9	2
	2		9	8		4	5	
		5	7		4		6	

SUDOKU - 168

8	7	3		2	1	9		5
	5	4		6		8	1	
		1			3	2	7	4
	8				5			7
5	2	7		1		4		
	1	9		7			3	8
1	9			3	4			
6	4	2			7			
		8	5		2	6	4	1

SUDOKU - 169

	7			1	5	3		2
9	2		8	6	3	7	5	4
	8		7		2	9		
1			4			5		8
6	9	8		3		2		7
5	4	7		9				
8		9					2	6
2	5			8		1		9
7	6	4		2		8	3	

SUDOKU - 170

6		8		4	3	5	1	9
4		5	9			6		7
1	7	9	5	8	6			2
7							2	6
8	1	4	6	2	5		7	3
9				7	8	1	4	
3	4	1			9			
				3				4
		7	8	6		3		

SUDOKU - 171

6		9	3			1	2	8
8			1	7	6	9		3
			8	9		6		
		3		6			8	1
5		6	2	1	8	7		4
		2	7	4			6	
3		7	4			8	9	6
	6	8		3	1			7
9	5	4	6	8		3	1	

SUDOKU - 172

4			8	2	9	7		
			4				3	2
	9		1		3	4	8	
6	4	5	9	1				8
3	1		5		7		6	
		7	6	3	4	1	5	9
5	6	2	3			8		
7	8	1	2	9	5		4	3
9		4						1

SUDOKU - 173

	2	6	5	9	8	7		
8		7	4	3	1		6	
3	5		7	2			9	
7		4		6	9			5
9		5	3	4				8
6				5		3	4	
1				8		4		
	6		9	1			8	
				7	3	9	5	1

SUDOKU - 174

9		1	3	8		6		2
	2	6	9	5	7	1		8
4		5			1	7		
7			1					
1				6	5	2		3
	6	3		4	9	5		1
2	3							7
				1	3		2	5
5	1	8	4		2		9	

SUDOKU - 175

		2	3				9	5
5	8	4	6		9	1		
	3	7	5	4	1			8
3	7		4	6	8	9	2	
			9			6		7
1		9	7	5	2	8		4
	2	6		3	5			9
4	9	3				5	1	2
7						3		

SUDOKU - 176

6	1		8					
		7				6		
	5	9	6	3	2	8	7	
3			7		6	4		8
1	8	6		5		7		2
	4						6	3
2	3	1		8		9	4	6
5	6	8	9	4	3	1	2	7
	7			6	1	3		5

SUDOKU - 177

3								
2	4				5			
		1	8	4	6	7		2
	8	5		9	4	3	1	
7		9	6	8		2	4	5
	2			5			8	
1		7		6	8	4	2	3
			4	7		9	5	6
5	6	4	3	2				1

SUDOKU - 178

	8	4			6	7	5	
5		9	8		2		4	6
7					5	9	1	
4	9	5	7		8	2		
		2	5		4		3	9
1	3			6	9	5	7	
8	4	7	9			6		3
9		1	6		3	4		
2						1		

SUDOKU - 179

7	9			3		1		4
	2	4	5	6				
8	5	3						9
	3		9		7	6		
			3	4	5	9		2
	4	8	2	1	6		7	3
2			6	9	4	3	1	7
	7	9			8		2	
4		1				8	9	5

SUDOKU - 180

3	5	6	8	9				4
	9	2	5		1	8	7	
				3	4	9	5	
	4	3	9	2	6	1		7
8	1	9		4	5	3	6	2
	6	7	1	8			9	
7						6	2	
9	2							1
		1	3	7			4	9

SUDOKU - 181

	1	8					7	
7	3	9	4		5	1		8
6	5	2	7	8			4	
3		1	9	5	4	2		7
		7	8		6			
	9	4	1	2	7	6	3	5
1	7	5	2	4				
9	4				8	3	1	2
					9	7		4

SUDOKU - 182

			1	9	5			
4		3	8			9	6	1
9				4	6	5	8	2
6	1	2	5		9		4	
	9	5		8			7	
7	8		6	3			9	5
	4	7	9	5		6		
5					2	8		
	2	6	7	1		4		

SUDOKU - 183

	8		5	9	6	1	3	
9		1	4	8		6	5	7
						8	4	
5	4	8		1	7	3	9	6
1			3	6	4	2	8	5
		6	8	5				1
7	1						2	
3				2	8			
8		2	7	4	1	5		3

SUDOKU - 184

	7		5			8	2	6
8	5		2	3	6		9	4
4	6		8	9				1
6	8	5			4	2	3	
	1			5	2	9	6	8
7	2		6					
1	9		3		5	4	7	2
	4			7	9			3
5			4	2				

SUDOKU - 185

7		5	9	8	3	1		6
6		2		4			8	3
			5		6	7		
					9		6	
1	8	7		3				9
3	6	9				8	7	5
9		1	3	6			5	
5			1	9		6		
4	3	6	2		8	9	1	

SUDOKU - 186

5		6	9	8	7	1		
			2		4		9	
3		4	6		1		8	2
					9			1
8		9		1	5	4	2	6
1			8	7		9	5	
	8	1	5	6			4	7
4		7						8
	6	5	7		8			

SUDOKU - 187

	9	3			5			8
2	8		9	6		3	7	1
7			8	2	3	6	5	
5	1	6	4			8		
9			1		8			6
	3	4		7	2			5
4	6	2			1	7		3
1			3					
	7			8	6	5		4

SUDOKU - 188

		4	6	2		8		
					9			
9			5	3	4			7
2		9	1			3	8	4
8	4	6					2	5
1	3	5	2	4	8	7	6	
5			4		7			8
3	9	7	8		2	4	5	6
	2				6		7	1

SUDOKU - 189

9	6		3	1		5		4
5	1	8			6	2		9
	2	3			9	6		1
8	4		1					
2				8	4	1		7
		1	6		5	3		8
6	7		5	9	8			3
3		9	4	7	1	8		2
1	8				3	7		

SUDOKU - 190

7			5	9			4	
	9	6		3		7	1	5
	3					8	6	9
9			3	7		4	8	6
1		8	4	6	9	3	5	2
4	6		2			9	7	
	5		7	1	8	6	9	
	4	7			3		2	
8	1						3	

SUDOKU - 191

		8		9	3		2	1
3			8	1	7			
			5				8	7
7		9		6			1	5
	5	6		7	8			4
	8	3	1				7	
4		2	7			6	5	8
8			2	5		1		
5		1	6		9	7		2

SUDOKU - 192

2	9	1	6	4	5	3		
3	8							2
7	5	6	2		3	9		1
	1				8	4	9	5
	7	5	1		9			
	3	9	5					
							3	
		3	4	7	1	5	6	8
5			3		2	1	7	

SUDOKU - 193

8								5
7			8	5	1	2	6	
	5	2	4	3				
2	6	7	9	8	3	5	1	
		4	6	1		7	3	8
		1	7	4	5			9
	2		5	9	6	3		1
	7							
	3				8	4	5	2

SUDOKU - 194

7	6	4	9					
8	1	3		7		9	4	2
2	5	9	4	3	1			6
	3		2			8	7	9
		7	5		3			
				9	7	3		
1			7	5			3	8
				4	6	1	9	7
	7	8	3			6		4

SUDOKU - 195

3	6	9	1	4		2	8	5
	7			3	5	4		
5	1	4	8					9
			5	8				
	8	6	4			9		
	4		7	6	9	8	1	3
		7		5		1		8
4	5	1	3					6
9				7	1	5	3	4

SUDOKU - 196

		8	4	9		6	7	2
4		9		2	7			8
	2	7		8	6			4
		3			1	7		9
	8				5	4		1
	7			4		2		
6		4		5	8	1		3
	3				4		6	5
8	1			3	2	9		

SUDOKU - 197

	6	2	7	1	5	4	3	9
		5	8		3	2		7
	7	4				5	8	1
9	5			2				
	4	7	6		1	8		3
	8					1	5	2
			4	8	9		2	5
		9	1	6	2	7		8
	2		5			9	1	6

SUDOKU - 198

	8		7	9		6		1
		5			1		7	
	6	7	2			8		5
2	3		6		8	5	1	
8		1		5	3	2	4	
9		6			2			7
5			1		7	9		8
		8	3		9		5	
	4	9		8			2	3

SUDOKU - 199

2	7	8		3	9		4	5
5	6	9	7	2	4	3	8	
4		3					9	2
			6	9	5		3	
	4				8	5	2	
3	9						7	6
	3				7	2	5	8
			8		2		6	3
8	2	6	4	5				

SUDOKU - 200

				7	2			
2	5		1		4			3
	9		3		8	2	7	
5		6	7	2	9		3	1
9	2	3		5			8	6
	4	1			6	5	9	
8	3		9	1	7		5	
6			2	4		9		
4	1		6	8	5	3	2	

SUDOKU - 201

2	3		8	5		7		6
1	8	6		9		3	2	
	5	7			6	9		8
8	9				2		3	4
	4		9		8	1		
	6		5					
9	1			8		5	7	
5	2	4	3	7	9			
6	7	8	1				9	3

SUDOKU - 202

	5	7		3	4		2	
8				9		1	7	4
	1		8	6	7	5		
			9	2	6			
	9		3	4	5			7
	2		7		8	9		
			2	8	3			
2	7		4	5		3	8	6
3	8	5	6	7	9	4	1	2

SUDOKU - 203

6				7			2	1
9	1	2	8	6			7	5
				9		8		6
	2		3	4		5		7
4		5	9				8	
		9	6		2	1	4	3
7	6			3	9			8
	9	8		2			5	4
2	5	1	7	8		3		

SUDOKU - 204

		8	4	1	6		3	
2	4							8
				8				
9	1	4				3		
3		2	1	6	7	9	8	
	7			9	4	2	5	1
4	6	5	2			8	9	7
7					9	1	2	
1	2	9	7		8	6	4	3

SUDOKU - 205

4		5		9			3	
1		9			3	5		8
	3		8	5	4			
	9		2	1	7		5	4
	6	2		4	5		8	9
5	4	1		8		2		
	5		4			3	2	
2	1	4	7		9		6	
3	7	6		2		4		

SUDOKU - 206

1		3			9	4	8	
		9		8	6	3		
		6		3			9	1
	5	7	6			8		
	2	8	4		7			3
	9	1	2	5			4	7
7	1	4	3	6		9	5	8
	3	2			5		6	
9		5	8		1		3	2

SUDOKU - 207

			9		2			
9		7	1			8	6	2
4				6	8	1	5	9
1	6	2	4		5		8	
	7	9		8			4	
3	4		2	9	1		7	5
7	3	5	8	2		4	1	
8		4			6	3	2	
	1		3	4				

SUDOKU - 208

		6			3	7		1
8		7	9		6	5		
5	3	4		8			9	2
	2	3		9	8		5	6
1	4		7		5		2	9
9		5		3			7	8
4					9		6	
3				1	2		4	
	5		8	7			1	3

SUDOKU - 209

3					4	7	5	2
		7			5	8	4	
2	4	5	8			9	1	3
		6	1	9	8	5	3	7
9	8	3		7	6	4		1
5		1						
7				5		2	9	
8	5		7			1	6	
	1	9				3		5

SUDOKU - 210

5		8	3		6			
			5	8				6
7		6	1	2	9	4	5	8
	6		8	4	3		9	7
	5		6	9	2	8	4	
			7		1	6		
	9		2	1			7	
4			9	6		2		5
			4		5		6	9

SUDOKU - 211

	4	9	1		5		8	
	3		2			1	4	9
	7		9	6				5
	8	3				4	9	
4	1	5		9	6	2	7	
7		2	3		1	8		6
	6	1	4	8	7			
		4		2			1	8
	2	7	5			9		4

SUDOKU - 212

9		1	3	8	6			2
3	6	8						9
	2			1	9		6	
		3	1				9	
		2	6	9	7		5	3
6					5	1		
5	3	7	9	6			4	
1	9						8	5
2	8	4	7	5		9	3	6

SUDOKU - 213

9	3	7	5	4	1			2
	6	4	3	7	2			1
		5	8			7		3
	4		9	3		2		6
	2	3	6				7	
			7		5	3		4
	9		4		7	8		5
3		6	1	8		4		
			2	5	3	1	6	

SUDOKU - 214

	1			7			4	6
			3	8	4	1	7	
7	8		6		9	3		
	6		5	9			2	7
2			1	4		6	8	
8	4		7	2	6			3
4	9	7	8	6	2		3	1
			9	5		2		4
5	2	6		3		7		

SUDOKU - 215

6		3		7		4		9
	4	8		6			7	1
9	1	7	8	2		3	5	
			6	4	7		3	
	3	1		5	2			
7		6	1	3				2
2	6		7	8		5	1	
1		5		9				3
		4	2	1		6		7

SUDOKU - 216

5	6	9		1		7		
			5			1	8	9
1				2	9	6	5	
	5		6	8	2	4		7
		7	4	5	1	8	6	3
6	8	4	7		3		2	
9						2	4	5
	1			4				6
7	4	5	2	3				8

SUDOKU - 217

	9					1	4	5
	7			4			8	
	4	1	5		6	3		2
						7	9	6
		6	4	1	7			8
		8	9	6	2	4	5	1
	6		8	2			1	7
	8	7	6	3	5		2	4
		5			9			

SUDOKU - 218

	1	6	7		4		8	9
	9		5		3			4
	4	3	1			6	7	
		1		7	6	9	5	8
6		9		1	2	4		7
		4	9		5			1
	8	2	3			7	4	
		5		4			1	2
	6	7	2	8		5		

SUDOKU - 219

2			9					
5	8		1		3	2		7
			5	7	2	4	8	
6			3	1		9	4	2
8						1	7	5
		1		5	7	6	3	
1	6	8	2	3	4	7	5	9
			8	9				4
4	9			6				1

SUDOKU - 220

7			9	5				6
1			7		6	5		
							8	9
	1	6		2	9	8	7	
2	4	3	6	7				5
8		9	5		4		3	
		2	8	3	1		4	
9		1	4	6			5	
4	8	7	2		5	3	6	

SUDOKU - 221

1	6	8	2	3	7	9	5	4
	7						6	8
		4	1	8	6			
					1		3	
5			3	7	4			
4	3		9			2	7	6
3	9	7		6			4	1
8	1	5	7	4	3	6		
6	4		5					7

SUDOKU - 222

				5				
5		8	3	7			6	9
	1				4	3	2	5
8		1	7			6		3
	7	4	6	3				1
9				1		2	5	7
7	6	2	9	8	3	5	1	4
	4				7	8		
		9	5			7		

SUDOKU - 223

8	6	3	4	5			1	2
2		5			7			3
4				2	1			
6			5	1		4	3	7
5		4		3	8		2	1
1		2				5		
3			7			1		4
9	4		2	8				6
7	5	6			3	2		8

SUDOKU - 224

		3		6				
			3		2		1	7
						3	6	2
8	2		1	7		6	3	5
3	5	4		2	8	7	9	1
7			5	9	3			
6	4	2		8		1		3
	9				1	2		6
1		7	2	4	6	9		

SUDOKU - 225

8	1	4	7	9	6	5		2
3	6			4	5	9	7	8
9		5	3	2		4	1	6
2		9		3	1			
4			6			8		
6	3		9		4	1		5
	2	6	4	1				9
1	9	8				7		4
7				6	9			1

SUDOKU - 226

2	3	5						6
4	1		6		3	9	2	8
9	6	8	1	4	2	5		3
	8				4	3	5	1
	7	2	9					
				6	1			
	5		4				1	9
8			5		9	6	3	
7	9	1	3		6	4		

SUDOKU - 227

				4	5		1	8
7		4	8		1	9	3	
1	2		9			5	7	
	1	2	3		6		9	
	4	7	5	1	9	3	8	
3		9					6	
8				3	4	7	2	
	7		1	5	8	6		
	6					8	5	3

SUDOKU - 228

	2	7	5		6	1	9	
	1	9	7		4		2	5
					9	4	7	
	9	5		6	1			
		4		7			6	1
8	6		9		3	5		7
3	4	2	1		7		8	
	5	8	6			7		
1	7		3			2	5	4

SUDOKU - 229

1	2		9		7			8
	3		8	1				2
6	8	7			3	4		1
7				9	1			5
3	5	6	4	8	2	9		7
2	9			3	5	8	4	6
8		9	5	7			2	3
5		3			9	7		
4			3	6		1		9

SUDOKU - 230

		2	3		7	4		9
		5	1	2	4		8	3
3	6				5		7	
	7			4				5
					8	1	4	7
	4						9	6
	3	6	4	5	9	7	1	
4	5	7	8	3				
1	8	9	2	7	6	5		

SUDOKU - 231

1	6	3				8	2	9
5	8		1			3	4	6
9	2		6		8			7
2	5	1			6			4
6		9	4	7	5		8	
	7						9	
		5	3	9	2		6	
				4	7	9		
8		2	5	6		4		3

SUDOKU - 232

7			9	2			1	4
	3	4		8			9	7
	1	5			3		2	
4	9	6		5	8		7	
5	7		3	4		6	8	
	8			9	7	2		
6				1	4		3	
1	4		7		2			8
	2		5		9	4	6	

SUDOKU - 233

7	6		5	8	4	1	2	3
8	1		9		3	7		
2			7	1	6		9	
6		1	2	9		3		4
3		8	4		1			
		5			8		6	
1			8			5	4	7
4	3		6				1	
	8			4		6	3	2

SUDOKU - 234

8	2	6		7	9	4	5	3
	1	3	4	6	5	2	8	
4	5		8	2	3	1	6	
	6				1		3	4
		3			2		7	6
	9	5		4	7	8		1
9	3				6		4	
		2		9	4	3	1	
				3	8	6		

SUDOKU - 235

	9	3	6	1		4	5	2
	8		3	5			7	9
		4			7	1		
	7	5		6	1		2	4
	4		9				1	5
	3	1			5			
3	2			8		9	4	1
4	5	9					6	8
		6		2	9	5		7

SUDOKU - 236

7	2		5				8	9
6	3	1		9		4		5
8	9	5		3				
4		8					1	3
1	6	3			5	9		8
2	5			8		6		
	8				3	7		
9	4			5	8		3	2
	1		9		4	8		

SUDOKU - 237

		1		4		7	6	9
6					9	2	1	
7				1	2	8	3	5
		7	4	8	5	1	2	6
4		6	3			9		7
	1						4	8
3				9				
1	6	8	7	3				2
2	9	4	1	5		6		

SUDOKU - 238

8	3		9	2	5		4	
7	9			1	4			2
			3					6
3			2	9	6		8	
	4			8		2	7	
5							9	3
		7	1	5	2	3	6	
4	6	2			7			9
	5	3	4	6	9		2	8

SUDOKU - 239

3				9			1	
				3	8	6		7
		8				2	3	
4	3		1					5
7		6					2	1
1		5		2		7		3
	1	9	7	6	3		5	
5		7	9	4	1	3		
	4	3	2		5	1	7	9

SUDOKU - 240

	4	9	3	8	5	7	2	
	1				7	8		5
	7	5		2	9	6		4
	8		2	7		4		
4	6			5	1			3
		2	4		8			7
7	9		5		2	1		8
	2	4			6	5		9
1	5				4	3	6	

SUDOKU - 241

8		7	2			1		9
		6	7		4		3	
		5		3				2
	6	8		2		5		3
		4	6		3		8	
9	7	3	1	5		4		6
6			3			2	5	
		1	9	4	2	3		
3		2		8	6	9		7

SUDOKU - 242

3	9	4			2	1	6	5
				5	1	4		3
1	5	6		4	9	7	2	8
	6	7	8	9		5		
4		3				9	8	6
5	8	9	4		6			
	3	5		6	7			9
	7	2	9		4	8		
9		1	5	2				

SUDOKU - 243

		3		9			6	1
2		6		1	8		7	5
			5	6		2		8
	2		6		5	7	4	9
	5		4	7				3
		8		3		6		2
7	1	2		4	3	5	9	6
9	3	5					8	4
8					9	3	2	

SUDOKU - 244

7	5	8	1			4	3	9
6	1	2		3				
		3	8	5	7	1	2	6
	7	1	3	4	8			
	3	6	5	2	1	7	4	8
2	8		7	9		5		
				7	4	3		1
1							5	7
		7				6	8	

SUDOKU - 245

6	8				4	2	5	1
			2	5	6	8	3	
2	3	5	9	1	8	4	7	6
		2	5	4		7		3
	7					5	6	2
5			7					
4	1			2				5
	5	8	1	3	7	6		
			4	8		9		7

SUDOKU - 246

2			9	8	3	4	6	
8	6	3			1		5	9
9	4		2				7	
				1		9	8	7
1	2	8		7		6		
			3	6		1		
	9	7		2	5		1	
6		4	1				2	
5	1	2			4	7	9	6

SUDOKU - 247

						5		6
		4						3
6	1	7	5			2	8	4
5	3	8	4	7	2			9
	4		3	5	9	8	2	
			6	8		4		5
3		1	7	4	5	9	6	
	9	5	1	2	6	3	4	
4	6	2		3				1

SUDOKU - 248

	7	2	9		1		4	3
3						1	2	
			5	3	2		8	
					7	9		6
2	4		1		6			5
1		9		5			7	2
9	1		4		5		6	8
5	2			6	8	3	9	
7		6		1	9			

SUDOKU - 249

9	4		1	3	6			
	3	8					6	1
	2					9		3
4	8		5	9				
	1			7	8	5	4	9
5	9			6	1	3	7	8
2	7		6		9	8		
	6		3		7		2	4
3				4		6	9	

SUDOKU - 250

5	9		6	8	2	7	1	3
2	7		5	1		6	8	
	6			7	9			5
7				9	5		6	
	5		4		8			
8	4		7				9	
4			8	5		9		6
6	8	9	1	2				
	2				6		7	1

SUDOKU - 251

		3		2	7		8	
9	8	1	4	3			2	7
4	7				6	3	5	9
1	3	4	7	6			9	
8		9	1		3			
6	2			8				1
		6	3	5		9	7	
	9				1			
		5	6	9	8		1	

SUDOKU - 252

	2		7			4	5	
			8		2	7		1
9			4	5	3			8
8	1	6	5	7		2	3	
	4	3	1	9		5		6
7		9	2	3			8	4
	8	2		4				7
		7	6				4	5
4	6		9			3		

SUDOKU - 253

	4		2	5	7	3	6	9
		3			9		1	4
			4	1	3			2
3							8	
5	9		3	8			4	1
4	8				5	6	9	3
8	3	5	7	4			2	
9		1	5		6			
2	6		9	3		1		7

SUDOKU - 254

7		2				1	5	
4	1	8		6	5			7
6	3					9		
	7				9	6		
3	8			7	2		4	9
2	6		5		4	8		
	2		4			7	1	5
9	5			8	1		6	3
1	4	3		5				8

SUDOKU - 255

2	5		8		7	1	9	3
8	4			9			6	
	9				3	4		5
5							4	6
4		7	3		6	9		
6	8	2		5			3	1
3		8	7	1	9	5		
		5		3	8	6	7	9
		4	2		5			8

SUDOKU - 256

5	9	1		3		4	8	
8		4	5			2	3	
	3	6				1		5
			6		5	8	1	9
		8				7	5	
	5	2	7		8		4	3
				7	3		6	1
7	6				4	9		
1	8		9	6		3		4

SUDOKU - 257

3	7		2		1		6	
8		6	7			3		
		1	3		4	8	7	
4		3		2	5			6
		2	4			5	3	
6		5	8		3	1		4
5		8	9	3			4	1
1	2	7	6	4		9	5	
			5		2		8	7

SUDOKU - 258

8				7	9	1	6	2
	9	6				7		
5	7	1	4	2				8
		8				3	7	1
7	1		6	3	4	8	2	5
				1	7			
1	6	7			5	4		
			7	4		5		
	8	5	3	6		2		7

SUDOKU - 259

	9			1		2		
2		6	7	9	8			
	7		4	5		6		
	8	1	9			3	6	2
6					5	7		
7	4		3	2	6	5	1	8
		7	5		9	8	2	
	6	4	2					1
9				6		4		3

SUDOKU - 260

1			5	6		4	8	7
	7	3			4			
4		8	9		2		6	
	6	7	2	5	1		9	
2			7		8			6
3	1	5	6	4	9			8
9				1	7		5	
7		1		2		6	4	
	8		4				3	

SUDOKU - 261

		2				7	4	9
1			9	3		6		5
	9					3	2	1
	6	3	7	5		4	1	
			3			5		6
	1	5			8	2	3	7
5	3	1	6	9		8	7	
7	4		2	1		9	6	
	2					1	5	4

SUDOKU - 262

	3	9					4	
			3	8		9		1
			9	7	4	3		5
	2	8		4		6		
9	7	6	8	2	1	4		
	4			9	7			2
5	1	4	7		9		8	6
8	9		2	1	6			4
	6			5	8		3	9

SUDOKU - 263

7	1	3		2	8	9		
		8			6			2
2		5	9	1	4	8	7	3
	7	2	4	8	9	3		
8	3	1				4	2	9
					1		5	
		6	8				3	7
3	5	7	1			6		4
1		4	7	6				5

SUDOKU - 264

3	5	7	1				8	9
1	2	6		4		3		5
4	9	8		5				
5		4				8	9	6
9	7			8		5		1
8	6	2		1		7		
	8				4			7
	3		6	2			4	8
	4		8	7	1	6		

SUDOKU - 265

4	6		8		2		9	3
3							4	8
	8		3		7	1	2	6
	9	6	4	2	3		1	5
				7	8			9
	5	3			1			4
			1	3		4		
5	4			8	6	9	3	
		8	7	9	4	6	5	1

SUDOKU - 266

				2	3	8	4	7
3	2	4	9	8	7	1		
8		5	6	4		2	9	
4	5		1	3	8		2	
9		7		5	4		3	
		1		6		5	8	4
1				7		4	6	2
			3	1	6	9	7	
7			4	9	2		1	

SUDOKU - 267

			6	5		4		8
4		5		1	9			
7		9		4			2	1
			3		6	1	5	
1	3		5		4	2	8	
2	5		1	9		6	3	
			9	3		7		2
5			4		2			3
6		3	7	8	1		4	

SUDOKU - 268

4	1	2			6			
	5	7	2		8	1	6	3
	8	6			7	5		4
	3	5	7	2	9			
	4		8	6			5	
	6	9	1		4		3	2
	7	3		8		2	9	
1	2		6		5		8	
6			3		2	4	1	5

SUDOKU - 269

	7	1	6	8	9	3	4	5
3	8	9		7				2
5					2	8	7	
7			4					1
6	4	8	7				2	3
9	1		8		3			7
			3		6		5	
			2	5	7	1		4
4		2	9	1		7	3	

SUDOKU - 270

4			1	9	6		2	
2			8			6	4	9
	3	6		7	4	1	5	8
5	1	2		8	7	3	9	4
			9	5		2	1	6
6	9							5
1		7	3					
	6			1	2	9		7
		9	7	4	8	5		

SUDOKU - 271

6		2	5		8		9	
5		3	6		9	4		8
	1		4				7	5
	2	6			5		3	
9	3		8		1			6
1		5	2		6	7	4	
3	9	4	1	8	2	5		7
		1	9	6		3	8	
7	6		3		4		1	

SUDOKU - 272

	4		3				8	7
8		9						
1			6	4	8		9	5
		8	2	6		5	4	
		1		7	3	8		9
6				9		7	2	1
3	1		9	8	4		7	
4	6	7	1	3	2	9	5	8
9		2	7			3		

SUDOKU - 273

3	4	5	9			6	2	
	9	8		1			3	
1		2		5	3	9	7	
2	3	6			5		1	7
	7	9		2		8		
5			7	3				6
8	5		3		9		4	
9	1	4			8			
		3	5				8	9

SUDOKU - 274

6	4		5	7	8	1		3
		3	6				2	8
8		9		2		7		5
3	5	8		6			4	9
7		1				5		
4	9	6			5	3		1
	6		8			9		
	8		4	3		6		2
2	3			9		8	1	4

SUDOKU - 275

		1			5		9	7
6	4	7	8				5	2
3			2	7		6		
9		8	3	2	6	4	1	5
4		3		5	8	9		6
5			1	4			7	
			5		7	2		4
2		5		3				1
7		4				5		9

SUDOKU - 276

7	6		3	4	1	8	5	
			7			6		1
1			6	5	8		7	
		9	2		4			
2							4	7
	8				7	2	6	
	2	6	1				9	4
3	4	5	8	9		7		
	1	7	4	6	5			8

SUDOKU - 277

		2	5			8		3
	5	9			3	1		
	7	6		8	4		5	
		5		9			3	1
	4				1	7		
1	9	3	6	7	5			
2			3			4	1	9
9	3	4	8		7	5		6
	6	1	9		2		8	7

SUDOKU - 278

4	3	6	9	5		2	8	1
1				6	4	5		7
	5	9	8	2				
	9							
		7	1		9	6	2	
	1	5		8	6	4	7	9
	8				3	7	1	6
9	7	1	6	4	2		5	3
	6						4	2

SUDOKU - 279

	2	3			6			
7		1	5		2	4		6
6	4	5		9	1	3	7	2
	1	9		7	5		2	4
		2			4	7	8	
	7				8	5		9
		6		8		2		
	9	7		5				1
1	3			6	7		4	5

SUDOKU - 280

		8	1	5		6		
		6	7	2		3	8	
7		4		3	6			5
		2	4	8			6	
8		3	9		5	2		7
4	5	9	6	7	2		1	3
9	8	7	5	6		4		
			3		7		9	8
3		1	2		8			

SUDOKU - 281

	7		5	4				3
8	1			6		7	5	4
	4	6		8	3			9
7		8					1	2
1	3	4		7		9		5
6	2	9		1		3	4	
4		1				5		8
2	9	7			8	4		6
	8		4	9		2		

SUDOKU - 282

		7	8		9			3
	1		6	7	4		5	
	5							9
5	8				6	9	4	1
	3						7	2
	7		4		2	5	3	6
1	2	5	3	4		6		
	9	8	1	6	5			
6	4			2	7	1	8	5

SUDOKU - 283

	9		2			7	4	
	2	4	9	5		6	3	1
6	7	3					9	
		7	5		9	8	6	
2		9	6				7	
3	8	6	1		4	5		
5	3			6	2	9	1	
		2	7	1				6
	6	1			8		5	2

SUDOKU - 284

7					6	2	9	4
	6	8	3	9	2	1	5	
	5			1	7		8	6
	7	4	1	8	3	9		5
8	3		9		5			
1			2		4		7	3
	2	9			8		4	
3				4	1	5		9
	4			2	9	7		8

SUDOKU - 285

	7	2	3	4	8		9	6
8	9		6	5	1		7	
4	6			9	2			8
			8	7			1	3
9			5	2		7	6	
6	3			1		8	2	
		6	1				4	9
		4	2	6	9		5	
1	2	9			5			7

SUDOKU - 286

9			3		2	1	8	4
			7	9		3		6
3		2	4	8	6	9	7	
	4	5		3	8			
2						5	4	8
6	9		5		7	2		
7		9	8				1	3
4	5		9				6	2
	2	3	6		4			

SUDOKU - 287

9	5		3	7		6		
3			6	1			2	
6		1	2			7	4	
		7	8		3	1		2
	3		7		2	9	5	4
2		5			9	3	8	
	2	6	9		1		3	
			4		7		9	6
8	4	9			6	2		

SUDOKU - 288

7	2	5		4	8	6		
9	3		5		6			2
				9	1		3	
	1	8	7		9		5	
2	9		8		4			1
			6	1	3	2	9	8
	7	6	4			9		
3		2	9	6	7			5
	4			3	2			6

SUDOKU - 289

7	1		9	4	2	3	6	5
9	2	6	8		3			
					6	9	8	
5					1			
6		7					3	4
4	3	1	6	8	7		5	9
8		9		1	5		4	
2	4			6	8	7	9	1
			7	9	4			

SUDOKU - 290

4		2	3		6	1		7
3	8		1			4		5
6	7		4	9				3
	3	4			8	7		9
7	6		2					1
9		5		1	4			6
	4				1			2
	1		8	5			7	4
5		7	6	4	2		1	8

SUDOKU - 291

	5	2	3	9		4		8
1	4		2	8	5	3		7
			7	4			5	
		1	9	3	7	6	8	5
6	8		4	1	2			
9	3				8	2		4
				5		8	7	
	1	4						6
5	7	8	6		3	9	4	

SUDOKU - 292

	5	7	9		2	1	3	8
8				5		6		
	1		3	7	8	4	5	2
7		8	4		5	2	6	
6	4		7				8	1
		1					4	7
2				4				5
	7	4	2	3	1		9	
1		3	5	8	9	7		

SUDOKU - 293

			7	3	1		4	5
4		5	8	6	2	3	7	
1	7	3	9	4	5		2	8
	5	1			9	8		4
9		8	1		6	2	5	
	2		4					
2		4		8			9	7
	6	9	5					
5			2		4		8	

SUDOKU - 294

					3	9		4
	9		6		4			3
4	3		1	5			8	2
1	8	3	2		6		9	5
9	7		5	3	1	8	2	6
6	2	5		9		3		
	6	8	9		5		3	7
						2		8
			8	1	2		5	

SUDOKU - 295

	2		6	3	8	4		
	5		7		9	8	1	2
4	8			1	2			
	1			8			9	4
9								5
	4	2	9	5	7	6		
1	9	4	8				2	3
	7	3	4	9	5	1	6	8
5	6			2			4	7

SUDOKU - 296

5	4	7	6	2	1			3
		1	4		8	5		
6	2	8			5	1	4	7
					6	7		8
8		3		1	9	4	2	5
	7	2	5	8		3	1	
1		6				2		4
			1		2		5	9
	5		8		7			

SUDOKU - 297

7	2					9	4	
4	9		5	7		3		1
	1	6		4		7	8	5
6	8					4	3	
		4	6	2		5		7
	5		3	9		2	6	8
5		9	2			8	7	
			4		9		5	2
	4	1	8		7		9	3

SUDOKU - 298

		8	2	4	5	1	3	
	9		8	3	7	6		4
2	4	3			6	8	7	5
			3	5	1	4		
	8	7	6	9	2	3	5	1
		1	4				9	
3			5			7	6	8
	5							2
7		6		8			4	3

SUDOKU - 299

1		5			8	3		7
		7	5		2		8	4
6		2	4		7	9		
	1	8			9	4		6
4	3	6			1		7	
		9		4		8	1	
	5			8	4	7		
8		4	7	2	5	1		3
7			9			5	4	

SUDOKU - 300

5	8	6		2	7		9	1
9	7		5		4	6		3
	4		9		6	7	2	5
2	3			6	9		5	7
6			8					
7		8	2			9	1	
8	2		4	3				
3	6		7		8			2
4	1	9			2	3	7	

Solutions Part

SUDOKU - 1 (Solution)

7	4	2	6	8	5	9	1	3
1	5	8	4	3	9	6	7	2
9	3	6	1	2	7	5	4	8
4	7	1	2	5	8	3	6	9
2	9	5	3	1	6	4	8	7
8	6	3	9	7	4	2	5	1
3	1	7	5	4	2	8	9	6
6	8	4	7	9	3	1	2	5
5	2	9	8	6	1	7	3	4

SUDOKU - 2 (Solution)

9	7	4	1	2	8	6	5	3
5	8	2	3	4	6	7	9	1
6	1	3	7	5	9	2	4	8
8	6	9	5	1	7	3	2	4
3	5	7	4	6	2	1	8	9
2	4	1	9	8	3	5	6	7
1	9	6	2	3	4	8	7	5
4	2	5	8	7	1	9	3	6
7	3	8	6	9	5	4	1	2

SUDOKU - 3 (Solution)

3	9	1	5	2	6	7	8	4
2	5	4	8	3	7	6	1	9
8	7	6	1	9	4	3	2	5
6	8	5	3	1	9	2	4	7
4	1	2	6	7	8	5	9	3
9	3	7	2	4	5	8	6	1
7	2	3	9	6	1	4	5	8
5	6	9	4	8	3	1	7	2
1	4	8	7	5	2	9	3	6

SUDOKU - 4 (Solution)

9	5	1	4	3	7	2	8	6
2	7	4	1	6	8	5	3	9
6	8	3	2	9	5	4	7	1
7	1	9	6	5	2	3	4	8
8	6	5	9	4	3	7	1	2
4	3	2	7	8	1	6	9	5
5	9	7	8	2	4	1	6	3
1	2	6	3	7	9	8	5	4
3	4	8	5	1	6	9	2	7

SUDOKU - 5 (Solution)

2	8	9	3	5	4	7	6	1
6	3	4	1	8	7	9	2	5
7	5	1	9	6	2	8	4	3
9	4	5	6	7	3	2	1	8
8	1	6	5	2	9	3	7	4
3	7	2	8	4	1	5	9	6
1	9	7	4	3	5	6	8	2
4	6	3	2	9	8	1	5	7
5	2	8	7	1	6	4	3	9

SUDOKU - 6 (Solution)

1	9	8	2	6	7	4	3	5
7	6	2	4	3	5	1	8	9
4	3	5	1	8	9	6	2	7
5	4	6	8	2	1	7	9	3
2	7	3	6	9	4	8	5	1
9	8	1	5	7	3	2	6	4
6	1	9	3	4	8	5	7	2
8	5	7	9	1	2	3	4	6
3	2	4	7	5	6	9	1	8

SUDOKU - 7 (Solution)

5	8	1	2	7	3	4	6	9
4	6	7	8	1	9	5	3	2
3	9	2	6	4	5	7	1	8
9	1	8	7	6	2	3	4	5
2	5	6	3	9	4	1	8	7
7	4	3	5	8	1	2	9	6
8	7	4	1	2	6	9	5	3
6	3	9	4	5	7	8	2	1
1	2	5	9	3	8	6	7	4

SUDOKU - 8 (Solution)

5	8	6	3	2	7	4	1	9
4	2	7	9	5	1	3	6	8
9	3	1	4	6	8	2	7	5
3	5	4	2	7	6	9	8	1
7	9	2	1	8	3	6	5	4
1	6	8	5	9	4	7	2	3
6	1	3	7	4	5	8	9	2
8	4	9	6	1	2	5	3	7
2	7	5	8	3	9	1	4	6

SUDOKU - 9 (Solution)

3	1	6	7	9	5	4	2	8
9	8	5	1	2	4	7	3	6
7	4	2	6	3	8	9	5	1
4	6	7	3	5	1	8	9	2
1	2	9	4	8	6	3	7	5
8	5	3	2	7	9	6	1	4
5	9	1	8	4	3	2	6	7
2	3	8	5	6	7	1	4	9
6	7	4	9	1	2	5	8	3

SUDOKU - 10 (Solution)

7	2	8	4	5	9	1	3	6
4	3	6	8	2	1	7	9	5
5	1	9	7	3	6	2	8	4
8	5	7	3	6	4	9	1	2
3	9	2	1	8	5	4	6	7
6	4	1	2	9	7	3	5	8
1	8	4	6	7	3	5	2	9
2	7	5	9	1	8	6	4	3
9	6	3	5	4	2	8	7	1

SUDOKU - 11 (Solution)

4	6	7	5	2	3	9	1	8
1	9	2	7	6	8	4	3	5
8	5	3	1	4	9	7	2	6
6	8	5	4	7	1	2	9	3
2	4	1	9	3	5	6	8	7
3	7	9	6	8	2	1	5	4
7	1	8	3	9	6	5	4	2
9	2	6	8	5	4	3	7	1
5	3	4	2	1	7	8	6	9

SUDOKU - 12 (Solution)

8	5	7	2	6	1	9	4	3
1	9	2	4	7	3	6	5	8
3	6	4	8	9	5	7	1	2
9	7	6	3	4	2	5	8	1
4	8	3	1	5	6	2	7	9
5	2	1	9	8	7	3	6	4
6	4	8	7	2	9	1	3	5
2	1	5	6	3	4	8	9	7
7	3	9	5	1	8	4	2	6

SUDOKU - 13 (Solution)

3	2	4	7	1	5	8	9	6
9	8	7	3	6	2	4	1	5
6	5	1	8	4	9	7	3	2
7	4	9	5	3	8	6	2	1
1	3	8	6	2	4	9	5	7
2	6	5	1	9	7	3	8	4
8	7	2	9	5	6	1	4	3
4	9	3	2	7	1	5	6	8
5	1	6	4	8	3	2	7	9

SUDOKU - 14 (Solution)

1	5	7	6	9	3	8	2	4
3	4	8	7	1	2	5	6	9
9	6	2	4	5	8	3	7	1
6	2	5	9	7	1	4	3	8
4	7	9	8	3	6	2	1	5
8	1	3	2	4	5	7	9	6
2	9	6	5	8	7	1	4	3
5	3	4	1	2	9	6	8	7
7	8	1	3	6	4	9	5	2

SUDOKU - 15 (Solution)

7	2	3	9	1	6	8	5	4
6	1	9	8	5	4	3	2	7
5	4	8	7	3	2	9	6	1
4	9	7	2	6	8	1	3	5
2	5	6	3	7	1	4	9	8
8	3	1	4	9	5	6	7	2
3	8	4	6	2	7	5	1	9
1	6	2	5	8	9	7	4	3
9	7	5	1	4	3	2	8	6

SUDOKU - 16 (Solution)

2	4	8	7	6	5	9	3	1
7	5	1	3	2	9	4	6	8
3	9	6	8	4	1	7	5	2
1	3	5	4	8	6	2	7	9
6	8	2	1	9	7	5	4	3
4	7	9	2	5	3	8	1	6
8	1	7	9	3	4	6	2	5
9	6	3	5	7	2	1	8	4
5	2	4	6	1	8	3	9	7

SUDOKU - 17 (Solution)

3	7	8	9	2	5	4	1	6
9	5	4	8	1	6	3	2	7
1	6	2	7	3	4	8	9	5
7	4	1	5	6	3	9	8	2
8	2	9	1	4	7	6	5	3
5	3	6	2	8	9	7	4	1
6	9	3	4	5	1	2	7	8
4	8	5	6	7	2	1	3	9
2	1	7	3	9	8	5	6	4

SUDOKU - 18 (Solution)

3	7	1	6	4	9	5	8	2
8	4	6	2	5	7	3	1	9
2	5	9	8	3	1	4	6	7
7	1	4	5	6	8	9	2	3
5	2	3	9	1	4	6	7	8
9	6	8	7	2	3	1	4	5
4	9	5	1	7	2	8	3	6
6	3	7	4	8	5	2	9	1
1	8	2	3	9	6	7	5	4

SUDOKU - 19 (Solution)

8	7	1	9	4	3	6	2	5
5	2	4	8	6	1	3	9	7
6	3	9	2	7	5	1	4	8
7	6	8	5	2	4	9	1	3
1	5	3	6	8	9	4	7	2
4	9	2	3	1	7	8	5	6
9	8	7	1	5	6	2	3	4
2	1	5	4	3	8	7	6	9
3	4	6	7	9	2	5	8	1

SUDOKU - 20 (Solution)

8	9	4	5	6	2	7	1	3
6	7	1	9	8	3	4	5	2
3	2	5	4	1	7	9	6	8
2	6	8	1	7	4	5	3	9
5	3	9	6	2	8	1	4	7
1	4	7	3	5	9	8	2	6
4	5	3	8	9	6	2	7	1
9	1	2	7	3	5	6	8	4
7	8	6	2	4	1	3	9	5

SUDOKU - 21 (Solution)

9	5	7	4	8	6	1	3	2
2	4	8	9	1	3	6	7	5
1	6	3	7	5	2	8	4	9
4	3	2	8	6	1	5	9	7
8	1	5	2	9	7	3	6	4
7	9	6	5	3	4	2	8	1
3	2	9	6	7	5	4	1	8
5	7	1	3	4	8	9	2	6
6	8	4	1	2	9	7	5	3

SUDOKU - 22 (Solution)

3	5	4	7	8	6	9	2	1
1	7	6	5	2	9	3	4	8
9	8	2	3	4	1	6	7	5
2	3	1	4	6	7	5	8	9
7	9	8	1	5	2	4	6	3
6	4	5	8	9	3	7	1	2
5	6	9	2	7	8	1	3	4
8	1	7	9	3	4	2	5	6
4	2	3	6	1	5	8	9	7

SUDOKU - 23 (Solution)

2	6	8	5	3	7	9	1	4
4	3	5	9	6	1	7	2	8
9	1	7	8	2	4	5	6	3
3	4	9	2	7	8	6	5	1
6	7	2	4	1	5	8	3	9
5	8	1	6	9	3	2	4	7
1	2	4	7	5	9	3	8	6
7	5	3	1	8	6	4	9	2
8	9	6	3	4	2	1	7	5

SUDOKU - 24 (Solution)

4	9	2	3	7	8	5	1	6
6	5	7	4	2	1	3	8	9
3	8	1	9	5	6	2	4	7
5	6	8	1	3	4	9	7	2
7	4	9	8	6	2	1	5	3
2	1	3	7	9	5	4	6	8
8	7	4	2	1	9	6	3	5
9	3	6	5	4	7	8	2	1
1	2	5	6	8	3	7	9	4

SUDOKU - 25 (Solution)

2	3	4	1	6	9	8	7	5
8	7	9	4	3	5	2	6	1
6	5	1	7	2	8	4	3	9
1	9	7	2	4	3	5	8	6
5	8	6	9	1	7	3	2	4
4	2	3	8	5	6	9	1	7
3	1	5	6	9	2	7	4	8
9	4	8	3	7	1	6	5	2
7	6	2	5	8	4	1	9	3

SUDOKU - 26 (Solution)

7	2	4	6	3	5	1	8	9
5	6	9	4	8	1	7	2	3
8	3	1	2	7	9	5	4	6
4	8	6	1	9	7	2	3	5
3	9	5	8	6	2	4	1	7
2	1	7	3	5	4	9	6	8
9	4	8	5	1	3	6	7	2
6	5	2	7	4	8	3	9	1
1	7	3	9	2	6	8	5	4

SUDOKU - 27 (Solution)

9	5	2	3	7	1	6	4	8
8	3	4	2	9	6	7	1	5
1	7	6	5	4	8	9	2	3
7	2	8	1	3	9	5	6	4
3	6	1	7	5	4	8	9	2
5	4	9	6	8	2	1	3	7
2	1	3	8	6	5	4	7	9
6	9	5	4	2	7	3	8	1
4	8	7	9	1	3	2	5	6

SUDOKU - 28 (Solution)

5	8	2	9	6	1	7	4	3
3	7	9	5	8	4	2	6	1
6	4	1	7	2	3	5	9	8
7	1	3	6	9	8	4	5	2
4	9	6	2	1	5	8	3	7
8	2	5	4	3	7	9	1	6
1	3	4	8	5	2	6	7	9
9	5	8	1	7	6	3	2	4
2	6	7	3	4	9	1	8	5

SUDOKU - 29 (Solution)

3	1	9	2	4	8	7	5	6
4	8	2	5	7	6	1	9	3
5	7	6	1	9	3	4	2	8
9	3	8	6	5	7	2	1	4
1	2	5	9	3	4	8	6	7
7	6	4	8	2	1	5	3	9
2	9	7	3	8	5	6	4	1
6	4	3	7	1	2	9	8	5
8	5	1	4	6	9	3	7	2

SUDOKU - 30 (Solution)

4	7	8	2	5	6	9	1	3
1	3	2	9	8	4	7	6	5
6	5	9	7	3	1	2	4	8
2	6	1	4	9	5	3	8	7
8	9	7	1	2	3	6	5	4
3	4	5	6	7	8	1	9	2
7	2	6	5	4	9	8	3	1
5	1	3	8	6	2	4	7	9
9	8	4	3	1	7	5	2	6

SUDOKU - 31 (Solution)

9	1	5	3	2	6	8	4	7
8	2	6	7	4	5	9	3	1
7	4	3	8	1	9	2	6	5
4	8	1	6	3	2	5	7	9
5	6	9	1	8	7	4	2	3
3	7	2	9	5	4	6	1	8
6	9	4	5	7	3	1	8	2
2	3	8	4	9	1	7	5	6
1	5	7	2	6	8	3	9	4

SUDOKU - 32 (Solution)

9	8	5	3	7	6	4	1	2
3	6	7	2	1	4	5	9	8
4	1	2	8	5	9	7	3	6
1	4	8	7	3	2	9	6	5
5	2	6	1	9	8	3	7	4
7	3	9	4	6	5	8	2	1
8	9	4	6	2	3	1	5	7
6	7	3	5	4	1	2	8	9
2	5	1	9	8	7	6	4	3

SUDOKU - 33 (Solution)

1	4	3	7	8	9	6	5	2
5	7	8	6	2	3	1	9	4
2	6	9	5	4	1	8	7	3
3	9	5	4	1	2	7	8	6
6	1	4	8	3	7	5	2	9
8	2	7	9	5	6	4	3	1
9	8	2	1	6	5	3	4	7
4	3	1	2	7	8	9	6	5
7	5	6	3	9	4	2	1	8

SUDOKU - 34 (Solution)

3	1	6	5	7	4	9	2	8
7	9	8	6	1	2	3	5	4
2	5	4	9	3	8	6	7	1
6	3	9	7	8	5	1	4	2
8	4	7	2	9	1	5	6	3
1	2	5	4	6	3	8	9	7
4	6	1	8	5	7	2	3	9
9	8	2	3	4	6	7	1	5
5	7	3	1	2	9	4	8	6

SUDOKU - 35 (Solution)

1	8	4	9	6	7	2	3	5
7	6	5	8	2	3	4	9	1
2	3	9	4	1	5	8	7	6
8	4	6	7	5	2	9	1	3
3	2	1	6	9	4	5	8	7
9	5	7	3	8	1	6	2	4
5	1	3	2	4	8	7	6	9
6	7	8	5	3	9	1	4	2
4	9	2	1	7	6	3	5	8

SUDOKU - 36 (Solution)

1	2	3	8	5	6	4	9	7
8	5	9	7	2	4	3	1	6
6	4	7	1	9	3	2	5	8
5	7	8	4	6	1	9	3	2
3	6	4	9	7	2	1	8	5
2	9	1	3	8	5	6	7	4
9	1	5	2	4	7	8	6	3
7	8	2	6	3	9	5	4	1
4	3	6	5	1	8	7	2	9

SUDOKU - 37 (Solution)

6	2	5	9	4	8	1	3	7
4	1	7	5	2	3	6	8	9
9	8	3	6	7	1	4	5	2
8	7	6	3	5	4	2	9	1
2	9	4	8	1	6	5	7	3
5	3	1	7	9	2	8	4	6
7	5	8	2	6	9	3	1	4
1	6	9	4	3	5	7	2	8
3	4	2	1	8	7	9	6	5

SUDOKU - 38 (Solution)

2	6	8	1	9	4	3	5	7
9	1	5	8	3	7	6	4	2
4	7	3	5	6	2	8	9	1
7	9	2	6	4	3	1	8	5
5	4	1	7	8	9	2	6	3
3	8	6	2	5	1	9	7	4
8	2	4	3	7	6	5	1	9
6	3	7	9	1	5	4	2	8
1	5	9	4	2	8	7	3	6

SUDOKU - 39 (Solution)

8	2	6	9	4	5	7	3	1
9	3	4	8	1	7	6	2	5
1	7	5	3	6	2	4	8	9
3	5	9	7	8	6	1	4	2
7	4	8	2	9	1	5	6	3
6	1	2	4	5	3	9	7	8
2	6	7	5	3	9	8	1	4
4	9	1	6	2	8	3	5	7
5	8	3	1	7	4	2	9	6

SUDOKU - 40 (Solution)

9	1	2	5	4	3	8	6	7
8	6	7	9	2	1	5	4	3
3	5	4	6	7	8	9	1	2
7	3	8	4	5	6	1	2	9
2	4	5	3	1	9	6	7	8
6	9	1	7	8	2	4	3	5
1	8	6	2	9	7	3	5	4
4	7	3	8	6	5	2	9	1
5	2	9	1	3	4	7	8	6

SUDOKU - 41 (Solution)

4	7	2	5	3	9	8	6	1
8	9	3	7	1	6	2	4	5
5	1	6	4	8	2	9	3	7
6	4	9	2	7	8	5	1	3
3	8	7	9	5	1	6	2	4
2	5	1	3	6	4	7	8	9
1	3	8	6	9	5	4	7	2
7	2	5	8	4	3	1	9	6
9	6	4	1	2	7	3	5	8

SUDOKU - 42 (Solution)

8	9	4	1	6	5	7	3	2
5	1	6	3	7	2	4	9	8
2	3	7	8	4	9	1	6	5
1	7	8	9	3	6	5	2	4
4	5	9	7	2	8	6	1	3
3	6	2	5	1	4	9	8	7
7	8	3	6	5	1	2	4	9
9	2	1	4	8	7	3	5	6
6	4	5	2	9	3	8	7	1

SUDOKU - 43 (Solution)

3	9	7	5	8	4	2	1	6
6	8	2	7	3	1	9	5	4
1	4	5	9	6	2	7	8	3
9	7	1	6	2	8	4	3	5
2	3	8	4	1	5	6	9	7
4	5	6	3	7	9	8	2	1
7	1	3	8	9	6	5	4	2
5	2	9	1	4	7	3	6	8
8	6	4	2	5	3	1	7	9

SUDOKU - 44 (Solution)

6	4	1	9	8	3	7	5	2
5	2	8	1	7	4	3	6	9
9	3	7	2	6	5	8	1	4
3	5	4	8	1	6	2	9	7
7	8	6	5	9	2	1	4	3
1	9	2	3	4	7	6	8	5
4	7	5	6	2	1	9	3	8
8	6	3	7	5	9	4	2	1
2	1	9	4	3	8	5	7	6

SUDOKU - 45 (Solution)

1	2	6	5	7	8	4	9	3
9	7	3	4	6	1	8	5	2
4	5	8	2	3	9	6	1	7
3	9	4	7	5	6	1	2	8
2	1	5	8	4	3	7	6	9
6	8	7	1	9	2	5	3	4
5	4	1	3	2	7	9	8	6
8	3	9	6	1	4	2	7	5
7	6	2	9	8	5	3	4	1

SUDOKU - 46 (Solution)

3	5	6	7	1	8	2	4	9
2	9	4	5	6	3	7	1	8
1	7	8	2	4	9	3	5	6
6	8	5	9	7	1	4	3	2
7	1	9	4	3	2	8	6	5
4	2	3	8	5	6	1	9	7
9	3	7	6	8	4	5	2	1
8	6	1	3	2	5	9	7	4
5	4	2	1	9	7	6	8	3

SUDOKU - 47 (Solution)

5	1	4	9	7	6	8	3	2
3	8	6	1	5	2	7	4	9
7	9	2	3	4	8	6	1	5
9	6	7	8	2	1	3	5	4
4	5	1	6	3	7	9	2	8
8	2	3	4	9	5	1	7	6
6	4	9	2	1	3	5	8	7
1	7	8	5	6	4	2	9	3
2	3	5	7	8	9	4	6	1

SUDOKU - 48 (Solution)

7	4	1	3	8	9	5	6	2
3	9	6	7	5	2	8	1	4
2	8	5	4	6	1	9	7	3
8	5	3	1	4	7	2	9	6
6	2	4	8	9	3	7	5	1
9	1	7	6	2	5	4	3	8
1	3	2	9	7	4	6	8	5
4	6	9	5	3	8	1	2	7
5	7	8	2	1	6	3	4	9

SUDOKU - 49 (Solution)

7	6	9	8	3	2	5	4	1
3	1	4	7	6	5	8	9	2
8	5	2	9	4	1	3	7	6
1	4	8	2	7	6	9	3	5
2	7	6	5	9	3	4	1	8
9	3	5	1	8	4	6	2	7
4	8	1	6	2	9	7	5	3
5	9	7	3	1	8	2	6	4
6	2	3	4	5	7	1	8	9

SUDOKU - 50 (Solution)

4	8	9	3	2	1	5	6	7
3	1	6	5	4	7	8	2	9
2	5	7	6	8	9	3	4	1
1	6	8	9	5	4	7	3	2
7	3	4	2	6	8	9	1	5
5	9	2	1	7	3	4	8	6
8	2	1	7	3	5	6	9	4
6	4	5	8	9	2	1	7	3
9	7	3	4	1	6	2	5	8

SUDOKU - 51 (Solution)

5	1	8	7	6	9	2	3	4
7	4	6	8	2	3	5	1	9
3	9	2	5	1	4	7	6	8
9	3	1	6	4	2	8	7	5
8	2	5	3	7	1	4	9	6
6	7	4	9	8	5	3	2	1
2	8	7	1	5	6	9	4	3
1	5	9	4	3	7	6	8	2
4	6	3	2	9	8	1	5	7

SUDOKU - 52 (Solution)

1	6	8	7	3	4	5	9	2
7	2	9	5	1	8	3	6	4
5	4	3	6	2	9	1	8	7
3	1	4	2	6	7	9	5	8
9	5	2	1	8	3	7	4	6
8	7	6	9	4	5	2	1	3
6	8	1	3	9	2	4	7	5
2	9	5	4	7	6	8	3	1
4	3	7	8	5	1	6	2	9

SUDOKU - 53 (Solution)

4	2	3	5	8	9	7	1	6
9	7	5	2	6	1	4	8	3
8	6	1	3	7	4	5	2	9
5	1	7	9	4	8	6	3	2
2	4	8	1	3	6	9	7	5
6	3	9	7	5	2	8	4	1
3	5	2	4	9	7	1	6	8
1	8	4	6	2	5	3	9	7
7	9	6	8	1	3	2	5	4

SUDOKU - 54 (Solution)

5	1	2	7	9	8	6	3	4
3	4	9	6	2	1	7	8	5
8	7	6	4	3	5	9	1	2
7	8	4	9	1	6	2	5	3
2	6	5	3	4	7	8	9	1
1	9	3	5	8	2	4	6	7
9	2	7	1	6	3	5	4	8
4	5	1	8	7	9	3	2	6
6	3	8	2	5	4	1	7	9

SUDOKU - 55 (Solution)

4	8	5	3	7	1	2	6	9
9	3	1	2	5	6	8	4	7
6	2	7	4	9	8	3	5	1
8	4	6	5	2	9	7	1	3
7	5	9	6	1	3	4	2	8
2	1	3	7	8	4	5	9	6
1	9	2	8	3	5	6	7	4
5	6	8	9	4	7	1	3	2
3	7	4	1	6	2	9	8	5

SUDOKU - 56 (Solution)

8	7	6	2	5	9	1	3	4
5	3	4	6	8	1	2	9	7
1	2	9	7	4	3	5	8	6
7	5	8	1	9	6	3	4	2
2	6	1	8	3	4	9	7	5
9	4	3	5	7	2	6	1	8
6	8	5	3	1	7	4	2	9
3	9	2	4	6	8	7	5	1
4	1	7	9	2	5	8	6	3

SUDOKU - 57 (Solution)

2	3	8	1	4	5	9	7	6
4	1	7	8	6	9	5	3	2
9	6	5	2	7	3	4	8	1
5	7	1	4	2	8	3	6	9
8	2	4	3	9	6	1	5	7
3	9	6	7	5	1	2	4	8
6	4	2	5	1	7	8	9	3
1	8	9	6	3	4	7	2	5
7	5	3	9	8	2	6	1	4

SUDOKU - 58 (Solution)

7	8	1	5	9	2	6	4	3
9	3	4	8	1	6	7	2	5
5	6	2	7	4	3	8	9	1
2	1	7	9	5	4	3	6	8
4	5	3	6	7	8	2	1	9
8	9	6	3	2	1	5	7	4
3	7	5	4	6	9	1	8	2
6	2	9	1	8	5	4	3	7
1	4	8	2	3	7	9	5	6

SUDOKU - 59 (Solution)

6	9	3	1	4	5	2	8	7
7	1	4	2	8	6	9	5	3
2	8	5	9	7	3	1	6	4
5	6	1	4	2	7	8	3	9
8	2	7	5	3	9	4	1	6
4	3	9	6	1	8	5	7	2
9	5	8	3	6	2	7	4	1
3	4	2	7	5	1	6	9	8
1	7	6	8	9	4	3	2	5

SUDOKU - 60 (Solution)

7	4	8	5	6	2	9	1	3
3	2	5	7	9	1	4	8	6
9	6	1	8	4	3	5	2	7
4	8	9	6	3	7	2	5	1
2	3	7	9	1	5	6	4	8
5	1	6	2	8	4	7	3	9
8	7	3	4	2	9	1	6	5
6	5	2	1	7	8	3	9	4
1	9	4	3	5	6	8	7	2

SUDOKU - 61 (Solution)

1	7	6	5	3	2	9	4	8
4	8	9	1	7	6	5	3	2
3	2	5	9	4	8	6	7	1
2	6	8	4	9	1	3	5	7
9	4	7	3	2	5	1	8	6
5	3	1	8	6	7	4	2	9
8	1	2	6	5	3	7	9	4
6	9	3	7	8	4	2	1	5
7	5	4	2	1	9	8	6	3

SUDOKU - 62 (Solution)

1	8	4	9	5	3	2	6	7
9	3	5	2	7	6	1	4	8
6	2	7	4	1	8	5	3	9
5	9	3	8	6	1	7	2	4
7	4	2	5	3	9	8	1	6
8	1	6	7	2	4	9	5	3
4	5	1	3	8	7	6	9	2
3	6	8	1	9	2	4	7	5
2	7	9	6	4	5	3	8	1

SUDOKU - 63 (Solution)

1	8	4	3	2	9	6	7	5
7	3	6	5	8	1	4	9	2
5	9	2	4	6	7	3	8	1
4	1	3	6	7	5	9	2	8
6	2	7	8	9	4	5	1	3
9	5	8	2	1	3	7	4	6
2	4	9	1	3	6	8	5	7
3	7	1	9	5	8	2	6	4
8	6	5	7	4	2	1	3	9

SUDOKU - 64 (Solution)

8	2	1	4	6	5	7	3	9
3	4	5	8	7	9	1	6	2
9	6	7	2	1	3	4	8	5
2	8	6	7	4	1	9	5	3
4	7	3	5	9	2	8	1	6
5	1	9	3	8	6	2	4	7
6	3	8	1	2	7	5	9	4
1	5	2	9	3	4	6	7	8
7	9	4	6	5	8	3	2	1

SUDOKU - 65 (Solution)

9	7	3	2	5	4	8	6	1
6	5	8	1	7	3	4	2	9
4	2	1	8	6	9	7	5	3
8	1	7	9	4	6	5	3	2
5	6	4	7	3	2	9	1	8
3	9	2	5	1	8	6	7	4
1	8	5	4	2	7	3	9	6
7	4	6	3	9	1	2	8	5
2	3	9	6	8	5	1	4	7

SUDOKU - 66 (Solution)

1	5	7	6	3	4	8	2	9
9	6	4	2	5	8	7	1	3
2	8	3	1	9	7	6	5	4
8	1	6	5	7	3	9	4	2
3	7	5	4	2	9	1	6	8
4	9	2	8	6	1	5	3	7
5	2	9	3	8	6	4	7	1
7	3	1	9	4	5	2	8	6
6	4	8	7	1	2	3	9	5

SUDOKU - 67 (Solution)

1	6	2	3	5	8	7	9	4
3	5	4	9	2	7	1	6	8
8	9	7	4	1	6	2	3	5
5	3	1	7	9	2	8	4	6
7	2	9	6	8	4	5	1	3
4	8	6	5	3	1	9	2	7
2	7	8	1	6	3	4	5	9
9	4	3	2	7	5	6	8	1
6	1	5	8	4	9	3	7	2

SUDOKU - 68 (Solution)

7	6	1	9	3	5	8	2	4
9	5	4	8	7	2	6	1	3
2	8	3	6	1	4	9	7	5
3	7	9	2	5	1	4	8	6
8	4	5	3	6	7	1	9	2
6	1	2	4	8	9	3	5	7
4	9	7	1	2	6	5	3	8
1	2	8	5	4	3	7	6	9
5	3	6	7	9	8	2	4	1

SUDOKU - 69 (Solution)

5	8	3	4	6	1	7	2	9
9	2	7	3	5	8	4	1	6
1	4	6	7	9	2	3	5	8
2	3	4	5	1	9	6	8	7
7	1	9	8	4	6	5	3	2
6	5	8	2	7	3	1	9	4
3	6	5	9	2	4	8	7	1
4	7	2	1	8	5	9	6	3
8	9	1	6	3	7	2	4	5

SUDOKU - 70 (Solution)

2	1	6	9	3	7	4	5	8
5	4	3	6	8	1	2	9	7
7	8	9	2	5	4	3	1	6
6	5	1	3	7	2	9	8	4
9	2	7	8	4	6	1	3	5
4	3	8	1	9	5	6	7	2
3	6	4	5	1	8	7	2	9
8	9	2	7	6	3	5	4	1
1	7	5	4	2	9	8	6	3

SUDOKU - 71 (Solution)

4	1	3	6	5	7	8	2	9
8	6	2	3	9	1	5	4	7
5	7	9	8	2	4	6	3	1
1	2	4	7	8	3	9	5	6
7	8	5	4	6	9	2	1	3
3	9	6	2	1	5	7	8	4
2	5	1	9	3	6	4	7	8
9	3	7	5	4	8	1	6	2
6	4	8	1	7	2	3	9	5

SUDOKU - 72 (Solution)

7	1	4	8	5	2	3	9	6
6	8	3	1	4	9	5	2	7
2	9	5	6	3	7	8	1	4
1	3	7	9	8	5	4	6	2
9	6	2	4	1	3	7	5	8
5	4	8	2	7	6	1	3	9
3	2	1	7	6	4	9	8	5
4	5	9	3	2	8	6	7	1
8	7	6	5	9	1	2	4	3

SUDOKU - 73 (Solution)

6	8	5	2	3	7	4	9	1
3	9	2	5	1	4	8	7	6
4	1	7	8	9	6	3	2	5
2	4	3	6	5	9	7	1	8
7	5	8	1	4	3	9	6	2
9	6	1	7	8	2	5	4	3
5	7	6	9	2	8	1	3	4
8	3	9	4	6	1	2	5	7
1	2	4	3	7	5	6	8	9

SUDOKU - 74 (Solution)

5	8	3	7	6	1	4	2	9
9	2	6	8	4	5	1	3	7
7	1	4	9	3	2	8	6	5
3	6	9	1	5	7	2	8	4
8	7	5	3	2	4	9	1	6
2	4	1	6	9	8	5	7	3
4	3	7	2	1	9	6	5	8
1	9	8	5	7	6	3	4	2
6	5	2	4	8	3	7	9	1

SUDOKU - 75 (Solution)

9	3	7	5	6	1	8	4	2
4	8	6	2	3	7	1	5	9
1	2	5	9	4	8	7	3	6
8	4	9	1	5	3	2	6	7
5	7	1	4	2	6	9	8	3
2	6	3	7	8	9	5	1	4
3	1	4	8	7	2	6	9	5
7	5	8	6	9	4	3	2	1
6	9	2	3	1	5	4	7	8

SUDOKU - 76 (Solution)

3	2	5	6	4	1	8	9	7
9	8	7	2	5	3	4	6	1
4	6	1	9	7	8	2	5	3
8	4	9	1	3	5	6	7	2
5	1	2	8	6	7	3	4	9
6	7	3	4	2	9	5	1	8
7	3	8	5	1	6	9	2	4
2	9	6	7	8	4	1	3	5
1	5	4	3	9	2	7	8	6

SUDOKU - 77 (Solution)

9	4	8	7	6	5	2	1	3
3	2	7	8	4	1	5	6	9
1	5	6	3	2	9	7	8	4
2	7	1	4	8	3	6	9	5
8	3	9	1	5	6	4	2	7
4	6	5	9	7	2	8	3	1
6	1	4	5	3	8	9	7	2
7	9	2	6	1	4	3	5	8
5	8	3	2	9	7	1	4	6

SUDOKU - 78 (Solution)

3	7	9	5	8	4	1	2	6
2	6	8	7	1	9	3	4	5
4	5	1	6	2	3	9	7	8
8	2	4	3	5	7	6	9	1
6	9	7	1	4	8	2	5	3
5	1	3	9	6	2	4	8	7
9	3	6	2	7	5	8	1	4
1	4	5	8	9	6	7	3	2
7	8	2	4	3	1	5	6	9

SUDOKU - 79 (Solution)

1	5	8	7	6	9	2	4	3
6	9	3	4	1	2	8	7	5
2	4	7	8	3	5	9	1	6
9	6	5	3	4	8	7	2	1
3	8	2	5	7	1	4	6	9
7	1	4	9	2	6	5	3	8
4	2	9	1	5	3	6	8	7
8	3	6	2	9	7	1	5	4
5	7	1	6	8	4	3	9	2

SUDOKU - 80 (Solution)

4	3	9	2	5	6	1	8	7
8	1	5	7	3	9	2	4	6
2	6	7	1	4	8	3	9	5
7	5	1	6	9	2	8	3	4
6	2	4	5	8	3	7	1	9
3	9	8	4	7	1	6	5	2
9	8	6	3	2	4	5	7	1
5	4	2	8	1	7	9	6	3
1	7	3	9	6	5	4	2	8

SUDOKU - 81 (Solution)

7	6	9	8	3	1	4	5	2
4	2	5	9	7	6	8	1	3
8	3	1	2	5	4	6	7	9
9	1	6	4	2	7	3	8	5
2	4	8	5	6	3	7	9	1
5	7	3	1	9	8	2	4	6
1	9	7	3	4	2	5	6	8
6	5	2	7	8	9	1	3	4
3	8	4	6	1	5	9	2	7

SUDOKU - 82 (Solution)

4	6	5	1	9	8	7	3	2
9	1	3	5	2	7	6	8	4
2	7	8	6	3	4	1	5	9
3	9	1	4	8	6	5	2	7
8	2	4	7	5	3	9	1	6
6	5	7	2	1	9	3	4	8
1	4	6	8	7	5	2	9	3
5	8	9	3	6	2	4	7	1
7	3	2	9	4	1	8	6	5

SUDOKU - 83 (Solution)

4	8	3	7	6	5	1	9	2
6	7	9	4	2	1	8	3	5
2	1	5	8	3	9	7	6	4
1	5	7	2	8	6	9	4	3
9	6	2	1	4	3	5	8	7
3	4	8	9	5	7	2	1	6
5	9	6	3	7	8	4	2	1
8	3	4	5	1	2	6	7	9
7	2	1	6	9	4	3	5	8

SUDOKU - 84 (Solution)

6	1	8	2	3	7	5	4	9
4	9	5	8	6	1	2	7	3
2	3	7	4	9	5	8	1	6
9	5	2	6	1	4	7	3	8
1	7	6	5	8	3	4	9	2
8	4	3	9	7	2	6	5	1
5	2	1	3	4	8	9	6	7
7	8	9	1	5	6	3	2	4
3	6	4	7	2	9	1	8	5

SUDOKU - 85 (Solution)

4	3	5	8	1	6	9	7	2
1	2	9	7	5	3	8	4	6
7	6	8	4	2	9	3	5	1
3	9	1	6	8	7	5	2	4
2	8	7	9	4	5	1	6	3
5	4	6	1	3	2	7	8	9
6	1	2	5	9	8	4	3	7
8	7	4	3	6	1	2	9	5
9	5	3	2	7	4	6	1	8

SUDOKU - 86 (Solution)

4	2	6	5	3	7	9	8	1
1	9	7	8	2	6	5	3	4
5	3	8	1	9	4	7	2	6
3	7	9	2	5	1	4	6	8
6	4	1	9	7	8	3	5	2
8	5	2	4	6	3	1	7	9
7	8	3	6	4	9	2	1	5
9	6	5	7	1	2	8	4	3
2	1	4	3	8	5	6	9	7

SUDOKU - 87 (Solution)

5	3	9	8	4	1	6	2	7
7	8	6	3	2	5	4	1	9
1	4	2	7	9	6	3	8	5
6	9	1	2	5	7	8	4	3
8	7	4	1	6	3	9	5	2
2	5	3	9	8	4	7	6	1
3	1	5	6	7	8	2	9	4
4	2	8	5	3	9	1	7	6
9	6	7	4	1	2	5	3	8

SUDOKU - 88 (Solution)

6	2	3	5	4	7	8	1	9
8	7	9	3	1	2	4	6	5
5	4	1	6	8	9	3	7	2
1	3	4	9	6	5	2	8	7
7	5	8	4	2	1	6	9	3
9	6	2	8	7	3	1	5	4
3	9	6	1	5	4	7	2	8
2	1	5	7	3	8	9	4	6
4	8	7	2	9	6	5	3	1

SUDOKU - 89 (Solution)

7	6	2	4	5	1	8	9	3
8	5	3	2	7	9	4	1	6
9	4	1	3	6	8	7	5	2
3	2	7	8	4	5	1	6	9
5	9	8	6	1	2	3	7	4
6	1	4	9	3	7	2	8	5
2	3	5	7	8	6	9	4	1
4	7	6	1	9	3	5	2	8
1	8	9	5	2	4	6	3	7

SUDOKU - 90 (Solution)

1	6	4	2	5	3	8	7	9
9	2	3	8	4	7	1	5	6
8	7	5	9	1	6	2	4	3
5	1	6	7	9	8	3	2	4
7	8	2	4	3	5	9	6	1
3	4	9	6	2	1	7	8	5
6	3	1	5	8	2	4	9	7
2	9	7	1	6	4	5	3	8
4	5	8	3	7	9	6	1	2

SUDOKU - 91 (Solution)

6	4	7	9	5	3	8	1	2
8	3	5	7	1	2	6	9	4
2	9	1	6	8	4	7	5	3
4	5	2	1	3	6	9	7	8
3	8	6	2	9	7	5	4	1
1	7	9	8	4	5	2	3	6
7	2	4	5	6	1	3	8	9
9	6	3	4	7	8	1	2	5
5	1	8	3	2	9	4	6	7

SUDOKU - 92 (Solution)

4	3	2	8	1	9	7	5	6
1	9	6	7	2	5	8	4	3
7	5	8	3	4	6	1	9	2
3	6	5	2	9	1	4	7	8
9	2	1	4	8	7	3	6	5
8	4	7	5	6	3	9	2	1
2	7	4	6	3	8	5	1	9
6	8	9	1	5	4	2	3	7
5	1	3	9	7	2	6	8	4

SUDOKU - 93 (Solution)

6	3	5	8	1	4	2	7	9
7	4	9	5	6	2	8	3	1
2	8	1	3	7	9	4	5	6
9	1	6	2	8	3	7	4	5
3	5	8	1	4	7	9	6	2
4	2	7	9	5	6	3	1	8
1	9	3	7	2	5	6	8	4
8	7	4	6	9	1	5	2	3
5	6	2	4	3	8	1	9	7

SUDOKU - 94 (Solution)

1	3	4	6	8	5	9	7	2
2	8	5	4	9	7	6	1	3
6	9	7	3	2	1	8	4	5
3	4	1	9	7	2	5	6	8
8	2	9	1	5	6	7	3	4
5	7	6	8	4	3	2	9	1
4	5	3	7	6	8	1	2	9
9	6	2	5	1	4	3	8	7
7	1	8	2	3	9	4	5	6

SUDOKU - 95 (Solution)

3	4	8	5	6	1	9	7	2
1	5	9	3	2	7	6	8	4
7	6	2	9	8	4	3	1	5
5	9	4	1	3	6	7	2	8
6	1	3	2	7	8	4	5	9
2	8	7	4	9	5	1	3	6
4	2	5	6	1	3	8	9	7
9	7	1	8	4	2	5	6	3
8	3	6	7	5	9	2	4	1

SUDOKU - 96 (Solution)

4	3	2	7	9	8	6	5	1
6	8	7	4	1	5	9	2	3
9	5	1	3	6	2	7	8	4
8	2	4	5	7	6	3	1	9
7	1	9	2	8	3	5	4	6
5	6	3	9	4	1	8	7	2
1	4	8	6	3	7	2	9	5
3	7	5	1	2	9	4	6	8
2	9	6	8	5	4	1	3	7

SUDOKU - 97 (Solution)

7	8	2	6	1	5	9	3	4
4	9	5	7	3	8	6	2	1
1	6	3	2	4	9	8	5	7
2	4	8	5	9	1	3	7	6
3	5	9	8	7	6	1	4	2
6	7	1	3	2	4	5	9	8
9	1	7	4	8	3	2	6	5
5	3	4	1	6	2	7	8	9
8	2	6	9	5	7	4	1	3

SUDOKU - 98 (Solution)

3	1	2	4	8	7	9	5	6
7	6	4	3	5	9	1	2	8
8	5	9	2	1	6	4	3	7
1	7	5	9	3	4	8	6	2
4	9	6	5	2	8	7	1	3
2	3	8	7	6	1	5	9	4
6	8	3	1	7	5	2	4	9
9	2	1	8	4	3	6	7	5
5	4	7	6	9	2	3	8	1

SUDOKU - 99 (Solution)

7	9	3	5	6	8	2	4	1
2	5	8	7	1	4	3	6	9
1	6	4	2	9	3	7	8	5
8	2	9	4	3	6	5	1	7
5	4	1	8	2	7	9	3	6
3	7	6	9	5	1	4	2	8
9	8	5	6	4	2	1	7	3
6	3	2	1	7	9	8	5	4
4	1	7	3	8	5	6	9	2

SUDOKU - 100 (Solution)

8	3	9	2	5	6	4	1	7
4	6	2	1	8	7	5	3	9
7	5	1	9	4	3	2	8	6
3	4	7	8	2	9	1	6	5
2	8	6	3	1	5	9	7	4
9	1	5	7	6	4	8	2	3
5	7	8	6	9	2	3	4	1
1	9	3	4	7	8	6	5	2
6	2	4	5	3	1	7	9	8

SUDOKU - 101 (Solution)

2	4	3	6	7	5	8	9	1
5	1	6	9	4	8	3	2	7
8	7	9	1	3	2	6	5	4
1	3	8	2	5	6	4	7	9
4	5	2	3	9	7	1	6	8
9	6	7	8	1	4	5	3	2
7	8	4	5	2	3	9	1	6
6	9	5	7	8	1	2	4	3
3	2	1	4	6	9	7	8	5

SUDOKU - 102 (Solution)

7	2	5	4	3	8	1	9	6
6	9	1	5	2	7	3	4	8
3	4	8	1	9	6	7	2	5
9	5	6	2	7	1	8	3	4
1	3	7	8	6	4	9	5	2
4	8	2	3	5	9	6	7	1
5	1	4	7	8	3	2	6	9
2	7	9	6	1	5	4	8	3
8	6	3	9	4	2	5	1	7

SUDOKU - 103 (Solution)

4	1	9	7	8	3	5	2	6
7	2	3	6	9	5	8	1	4
8	6	5	2	1	4	3	7	9
1	8	4	3	6	2	7	9	5
2	3	6	5	7	9	4	8	1
9	5	7	1	4	8	6	3	2
3	4	2	9	5	7	1	6	8
5	9	1	8	3	6	2	4	7
6	7	8	4	2	1	9	5	3

SUDOKU - 104 (Solution)

5	7	4	2	9	1	3	8	6
8	3	6	5	4	7	9	2	1
2	1	9	6	8	3	7	5	4
9	2	5	7	6	8	1	4	3
3	8	1	9	2	4	5	6	7
4	6	7	1	3	5	8	9	2
1	4	2	3	5	9	6	7	8
7	9	8	4	1	6	2	3	5
6	5	3	8	7	2	4	1	9

SUDOKU - 105 (Solution)

7	4	5	9	6	8	3	2	1
8	3	9	5	2	1	7	4	6
2	1	6	4	3	7	5	8	9
5	8	4	3	9	2	6	1	7
6	2	3	7	1	4	9	5	8
9	7	1	6	8	5	4	3	2
3	5	2	1	7	6	8	9	4
1	9	7	8	4	3	2	6	5
4	6	8	2	5	9	1	7	3

SUDOKU - 106 (Solution)

6	4	2	8	7	5	9	3	1
7	3	9	2	1	4	6	8	5
1	8	5	6	3	9	7	4	2
9	1	4	5	2	6	3	7	8
5	2	7	9	8	3	4	1	6
3	6	8	7	4	1	2	5	9
2	9	3	1	5	7	8	6	4
8	7	1	4	6	2	5	9	3
4	5	6	3	9	8	1	2	7

SUDOKU - 107 (Solution)

1	2	9	5	7	4	8	3	6
4	8	3	1	9	6	2	7	5
5	7	6	3	2	8	1	9	4
6	4	2	8	1	3	9	5	7
9	1	8	4	5	7	6	2	3
7	3	5	9	6	2	4	1	8
2	6	1	7	4	5	3	8	9
8	9	7	6	3	1	5	4	2
3	5	4	2	8	9	7	6	1

SUDOKU - 108 (Solution)

7	3	9	6	1	4	2	5	8
8	2	5	9	3	7	4	6	1
6	4	1	2	8	5	9	3	7
9	1	4	7	6	3	5	8	2
2	7	6	1	5	8	3	4	9
5	8	3	4	9	2	7	1	6
4	5	2	8	7	6	1	9	3
3	9	8	5	2	1	6	7	4
1	6	7	3	4	9	8	2	5

SUDOKU - 109 (Solution)

5	2	6	3	7	8	9	1	4
7	8	1	6	4	9	3	2	5
9	3	4	2	5	1	7	8	6
1	6	3	9	8	5	2	4	7
8	7	9	4	1	2	5	6	3
2	4	5	7	6	3	1	9	8
3	1	7	8	2	6	4	5	9
4	5	8	1	9	7	6	3	2
6	9	2	5	3	4	8	7	1

SUDOKU - 110 (Solution)

1	5	6	2	4	7	8	9	3
3	7	2	1	9	8	5	6	4
4	8	9	6	5	3	7	1	2
6	4	8	5	2	9	1	3	7
9	3	7	8	1	4	6	2	5
2	1	5	7	3	6	4	8	9
5	9	1	4	6	2	3	7	8
8	6	3	9	7	5	2	4	1
7	2	4	3	8	1	9	5	6

SUDOKU - 111 (Solution)

5	2	7	3	9	1	4	6	8
9	8	6	5	7	4	3	2	1
1	4	3	8	6	2	9	5	7
7	9	4	1	5	8	6	3	2
2	6	1	7	4	3	8	9	5
8	3	5	6	2	9	7	1	4
4	5	8	2	3	6	1	7	9
3	1	2	9	8	7	5	4	6
6	7	9	4	1	5	2	8	3

SUDOKU - 112 (Solution)

1	8	3	9	2	4	7	5	6
7	9	4	3	5	6	1	8	2
2	6	5	1	7	8	3	9	4
6	4	2	7	9	1	8	3	5
9	5	8	6	3	2	4	1	7
3	1	7	4	8	5	6	2	9
5	2	6	8	4	3	9	7	1
8	7	1	5	6	9	2	4	3
4	3	9	2	1	7	5	6	8

SUDOKU - 113 (Solution)

8	9	5	2	4	3	1	6	7
6	3	2	5	7	1	4	8	9
1	4	7	9	8	6	3	2	5
7	5	6	4	9	2	8	3	1
2	8	3	7	1	5	9	4	6
4	1	9	3	6	8	5	7	2
3	6	1	8	5	7	2	9	4
9	7	8	1	2	4	6	5	3
5	2	4	6	3	9	7	1	8

SUDOKU - 114 (Solution)

3	6	8	5	2	9	4	1	7
4	2	5	3	7	1	8	6	9
9	7	1	6	8	4	3	2	5
8	3	2	9	4	7	6	5	1
6	9	4	2	1	5	7	3	8
5	1	7	8	3	6	2	9	4
7	8	9	1	6	3	5	4	2
1	4	6	7	5	2	9	8	3
2	5	3	4	9	8	1	7	6

SUDOKU - 115 (Solution)

2	6	7	8	5	9	4	3	1
1	5	3	4	2	7	6	8	9
8	4	9	1	3	6	2	7	5
5	7	4	3	1	8	9	6	2
9	2	8	5	6	4	7	1	3
3	1	6	9	7	2	5	4	8
7	9	2	6	8	1	3	5	4
4	8	5	7	9	3	1	2	6
6	3	1	2	4	5	8	9	7

SUDOKU - 116 (Solution)

5	9	4	1	3	6	7	8	2
8	1	3	2	4	7	9	5	6
7	2	6	9	8	5	3	1	4
1	3	7	5	9	2	6	4	8
9	6	8	4	1	3	5	2	7
2	4	5	7	6	8	1	3	9
6	8	2	3	5	9	4	7	1
4	5	9	8	7	1	2	6	3
3	7	1	6	2	4	8	9	5

SUDOKU - 117 (Solution)

6	9	8	3	1	2	4	5	7
7	5	2	8	9	4	1	3	6
1	3	4	6	5	7	2	9	8
2	6	9	5	7	1	8	4	3
8	7	1	9	4	3	5	6	2
3	4	5	2	6	8	9	7	1
5	2	7	4	8	6	3	1	9
4	8	6	1	3	9	7	2	5
9	1	3	7	2	5	6	8	4

SUDOKU - 118 (Solution)

1	5	7	4	3	2	8	6	9
8	3	2	1	9	6	5	4	7
6	9	4	5	7	8	1	3	2
5	8	9	7	6	3	2	1	4
4	2	6	8	5	1	9	7	3
3	7	1	2	4	9	6	8	5
9	4	8	6	2	7	3	5	1
7	1	3	9	8	5	4	2	6
2	6	5	3	1	4	7	9	8

SUDOKU - 119 (Solution)

2	9	6	8	1	4	3	5	7
7	1	5	6	9	3	2	4	8
3	4	8	2	5	7	6	9	1
5	2	3	7	4	6	1	8	9
8	7	1	5	2	9	4	6	3
9	6	4	3	8	1	7	2	5
4	3	7	9	6	5	8	1	2
6	8	9	1	3	2	5	7	4
1	5	2	4	7	8	9	3	6

SUDOKU - 120 (Solution)

1	4	9	3	5	6	2	8	7
2	7	3	8	1	4	9	6	5
5	6	8	7	2	9	3	1	4
8	5	1	2	7	3	6	4	9
7	3	6	9	4	1	5	2	8
4	9	2	5	6	8	7	3	1
6	8	7	4	3	5	1	9	2
9	1	5	6	8	2	4	7	3
3	2	4	1	9	7	8	5	6

SUDOKU - 121 (Solution)

5	9	1	4	3	2	7	8	6
2	6	4	1	8	7	3	9	5
8	7	3	6	5	9	1	2	4
3	8	7	9	1	5	6	4	2
4	2	5	3	7	6	9	1	8
9	1	6	8	2	4	5	7	3
6	4	2	7	9	3	8	5	1
7	5	8	2	6	1	4	3	9
1	3	9	5	4	8	2	6	7

SUDOKU - 122 (Solution)

4	8	1	6	3	5	2	9	7
2	5	7	9	4	8	6	3	1
3	9	6	7	2	1	4	5	8
5	7	8	4	1	3	9	2	6
9	6	2	8	5	7	3	1	4
1	4	3	2	6	9	7	8	5
7	3	9	1	8	6	5	4	2
8	2	5	3	7	4	1	6	9
6	1	4	5	9	2	8	7	3

SUDOKU - 123 (Solution)

9	4	1	6	8	5	2	3	7
5	2	7	3	4	9	6	8	1
8	6	3	2	7	1	9	5	4
6	9	2	1	5	8	4	7	3
3	1	8	4	2	7	5	9	6
7	5	4	9	6	3	8	1	2
1	3	6	5	9	2	7	4	8
2	8	9	7	3	4	1	6	5
4	7	5	8	1	6	3	2	9

SUDOKU - 124 (Solution)

6	5	3	8	1	2	7	4	9
7	8	9	5	4	3	2	1	6
2	1	4	9	7	6	8	3	5
5	3	1	7	2	9	6	8	4
4	6	2	3	5	8	9	7	1
8	9	7	1	6	4	5	2	3
3	4	8	2	9	5	1	6	7
9	7	6	4	8	1	3	5	2
1	2	5	6	3	7	4	9	8

SUDOKU - 125 (Solution)

5	1	8	6	4	9	2	7	3
4	3	2	8	5	7	9	1	6
6	9	7	1	2	3	8	5	4
3	2	6	4	7	8	5	9	1
1	5	9	2	3	6	4	8	7
8	7	4	9	1	5	6	3	2
2	8	1	3	9	4	7	6	5
7	6	3	5	8	2	1	4	9
9	4	5	7	6	1	3	2	8

SUDOKU - 126 (Solution)

2	5	6	8	1	7	3	9	4
3	4	8	5	6	9	7	1	2
9	1	7	4	3	2	8	6	5
8	3	9	2	5	6	1	4	7
4	2	5	7	9	1	6	8	3
7	6	1	3	4	8	5	2	9
1	8	2	9	7	5	4	3	6
6	7	3	1	2	4	9	5	8
5	9	4	6	8	3	2	7	1

SUDOKU - 127 (Solution)

2	9	6	5	4	7	3	8	1
1	7	4	9	3	8	2	5	6
3	5	8	6	1	2	7	4	9
7	3	5	8	6	9	1	2	4
8	6	2	4	7	1	9	3	5
4	1	9	3	2	5	6	7	8
6	2	3	1	8	4	5	9	7
9	8	1	7	5	3	4	6	2
5	4	7	2	9	6	8	1	3

SUDOKU - 128 (Solution)

6	8	3	2	7	4	5	9	1
2	4	1	3	9	5	7	6	8
9	7	5	1	8	6	4	3	2
5	9	2	6	1	7	8	4	3
7	1	8	5	4	3	6	2	9
4	3	6	9	2	8	1	5	7
8	2	9	4	5	1	3	7	6
3	5	7	8	6	9	2	1	4
1	6	4	7	3	2	9	8	5

SUDOKU - 129 (Solution)

7	6	4	3	5	1	9	2	8
1	8	2	9	7	4	3	5	6
5	9	3	8	2	6	1	4	7
4	5	8	1	9	3	7	6	2
9	1	6	2	8	7	4	3	5
3	2	7	6	4	5	8	1	9
6	4	5	7	3	9	2	8	1
8	3	9	5	1	2	6	7	4
2	7	1	4	6	8	5	9	3

SUDOKU - 130 (Solution)

6	9	1	4	7	5	3	8	2
3	4	5	6	8	2	9	1	7
7	2	8	9	1	3	5	6	4
1	7	2	3	5	6	4	9	8
4	8	3	2	9	1	7	5	6
5	6	9	8	4	7	1	2	3
2	1	7	5	3	8	6	4	9
8	5	4	7	6	9	2	3	1
9	3	6	1	2	4	8	7	5

SUDOKU - 131 (Solution)

2	3	8	4	5	1	7	6	9
1	9	4	6	2	7	3	5	8
5	6	7	9	3	8	2	4	1
6	5	1	8	7	3	4	9	2
4	2	9	5	1	6	8	7	3
8	7	3	2	4	9	6	1	5
3	1	5	7	6	2	9	8	4
7	8	2	1	9	4	5	3	6
9	4	6	3	8	5	1	2	7

SUDOKU - 132 (Solution)

4	7	6	8	9	5	3	2	1
9	1	5	2	4	3	8	7	6
2	3	8	1	6	7	9	4	5
5	8	2	9	1	6	4	3	7
7	9	1	5	3	4	2	6	8
3	6	4	7	2	8	5	1	9
1	4	9	6	5	2	7	8	3
8	5	3	4	7	1	6	9	2
6	2	7	3	8	9	1	5	4

SUDOKU - 133 (Solution)

9	1	3	5	2	6	8	4	7
8	4	6	1	9	7	5	3	2
5	7	2	3	8	4	6	1	9
2	9	4	6	7	3	1	5	8
6	8	1	2	5	9	3	7	4
7	3	5	8	4	1	2	9	6
1	2	9	7	6	5	4	8	3
3	6	7	4	1	8	9	2	5
4	5	8	9	3	2	7	6	1

SUDOKU - 134 (Solution)

1	2	6	7	8	5	9	3	4
5	3	4	9	2	6	1	7	8
8	9	7	1	4	3	2	5	6
2	8	3	5	7	1	4	6	9
9	6	1	8	3	4	7	2	5
7	4	5	6	9	2	8	1	3
3	1	8	4	5	7	6	9	2
6	5	9	2	1	8	3	4	7
4	7	2	3	6	9	5	8	1

SUDOKU - 135 (Solution)

2	3	6	1	4	7	5	9	8
4	7	8	2	9	5	6	3	1
9	1	5	3	6	8	7	2	4
7	8	9	4	5	6	2	1	3
6	4	2	7	1	3	9	8	5
1	5	3	9	8	2	4	6	7
5	6	4	8	2	1	3	7	9
8	2	7	5	3	9	1	4	6
3	9	1	6	7	4	8	5	2

SUDOKU - 136 (Solution)

7	5	2	3	4	1	9	8	6
1	6	3	8	7	9	2	5	4
9	4	8	2	5	6	7	1	3
4	8	6	7	1	5	3	9	2
2	1	5	4	9	3	6	7	8
3	9	7	6	2	8	5	4	1
5	2	9	1	3	4	8	6	7
6	3	4	5	8	7	1	2	9
8	7	1	9	6	2	4	3	5

SUDOKU - 137 (Solution)

6	3	4	5	8	7	2	9	1
5	2	7	9	1	4	6	8	3
9	1	8	6	2	3	4	5	7
2	4	1	3	7	5	9	6	8
8	6	5	2	9	1	3	7	4
7	9	3	8	4	6	5	1	2
4	5	6	7	3	8	1	2	9
3	8	9	1	5	2	7	4	6
1	7	2	4	6	9	8	3	5

SUDOKU - 138 (Solution)

5	1	2	7	3	4	8	6	9
9	4	6	2	5	8	3	1	7
7	3	8	1	6	9	5	4	2
2	5	4	8	9	1	6	7	3
8	9	7	3	4	6	1	2	5
3	6	1	5	2	7	4	9	8
1	8	9	4	7	5	2	3	6
4	7	3	6	8	2	9	5	1
6	2	5	9	1	3	7	8	4

SUDOKU - 139 (Solution)

3	5	9	8	4	1	2	7	6
1	4	8	7	6	2	3	9	5
6	7	2	5	9	3	8	4	1
7	1	4	2	3	6	5	8	9
5	8	3	4	7	9	1	6	2
2	9	6	1	5	8	7	3	4
9	2	7	3	1	4	6	5	8
8	6	5	9	2	7	4	1	3
4	3	1	6	8	5	9	2	7

SUDOKU - 140 (Solution)

9	3	6	7	2	8	4	1	5
4	5	2	3	6	1	9	8	7
7	8	1	4	5	9	2	6	3
1	4	3	2	7	6	8	5	9
6	9	7	5	8	3	1	4	2
8	2	5	1	9	4	3	7	6
5	7	9	8	4	2	6	3	1
3	6	8	9	1	5	7	2	4
2	1	4	6	3	7	5	9	8

SUDOKU - 141 (Solution)

7	8	4	6	9	1	3	5	2
3	2	6	5	7	8	4	1	9
5	1	9	3	2	4	8	7	6
6	5	3	4	1	9	2	8	7
1	7	8	2	3	5	9	6	4
4	9	2	7	8	6	5	3	1
8	6	7	9	4	3	1	2	5
2	4	1	8	5	7	6	9	3
9	3	5	1	6	2	7	4	8

SUDOKU - 142 (Solution)

6	4	2	5	7	1	9	8	3
7	3	5	9	2	8	6	4	1
1	8	9	6	3	4	7	5	2
9	2	3	4	6	5	8	1	7
8	5	6	2	1	7	3	9	4
4	1	7	8	9	3	5	2	6
5	6	4	3	8	2	1	7	9
3	7	8	1	4	9	2	6	5
2	9	1	7	5	6	4	3	8

SUDOKU - 143 (Solution)

5	1	6	9	2	3	7	4	8
4	7	3	5	6	8	1	9	2
2	8	9	7	4	1	5	6	3
6	5	1	2	8	7	9	3	4
7	3	4	6	5	9	2	8	1
8	9	2	1	3	4	6	7	5
9	4	5	3	1	6	8	2	7
3	2	7	8	9	5	4	1	6
1	6	8	4	7	2	3	5	9

SUDOKU - 144 (Solution)

8	2	6	9	4	5	1	7	3
5	3	7	1	8	6	2	9	4
1	9	4	2	7	3	5	6	8
9	7	3	5	1	8	6	4	2
6	4	1	7	9	2	3	8	5
2	5	8	3	6	4	7	1	9
7	6	5	4	3	9	8	2	1
4	8	2	6	5	1	9	3	7
3	1	9	8	2	7	4	5	6

SUDOKU - 145 (Solution)

5	7	2	9	1	3	4	8	6
4	1	6	7	2	8	3	9	5
3	9	8	6	5	4	2	7	1
6	3	5	8	9	7	1	2	4
1	8	4	3	6	2	7	5	9
7	2	9	5	4	1	8	6	3
9	4	1	2	7	5	6	3	8
2	6	3	4	8	9	5	1	7
8	5	7	1	3	6	9	4	2

SUDOKU - 146 (Solution)

4	7	3	1	9	2	6	5	8
2	5	8	7	4	6	9	1	3
6	1	9	5	3	8	2	7	4
5	2	1	6	7	3	4	8	9
8	3	4	2	1	9	5	6	7
7	9	6	4	8	5	1	3	2
9	8	5	3	2	1	7	4	6
1	4	2	8	6	7	3	9	5
3	6	7	9	5	4	8	2	1

SUDOKU - 147 (Solution)

6	2	4	1	5	9	8	7	3
8	9	7	3	4	2	1	5	6
5	1	3	7	6	8	9	2	4
3	5	1	4	7	6	2	9	8
7	4	8	9	2	3	5	6	1
2	6	9	5	8	1	3	4	7
4	7	2	8	1	5	6	3	9
9	8	5	6	3	4	7	1	2
1	3	6	2	9	7	4	8	5

SUDOKU - 148 (Solution)

8	5	3	1	6	7	2	4	9
7	1	6	4	2	9	3	5	8
9	4	2	3	5	8	7	6	1
1	2	8	6	9	5	4	3	7
3	9	4	2	7	1	5	8	6
5	6	7	8	3	4	1	9	2
4	7	9	5	8	2	6	1	3
6	8	5	7	1	3	9	2	4
2	3	1	9	4	6	8	7	5

SUDOKU - 149 (Solution)

7	5	6	8	1	4	2	3	9
4	8	2	6	3	9	7	5	1
1	3	9	7	2	5	6	4	8
9	2	1	4	7	8	5	6	3
8	7	3	5	6	2	1	9	4
6	4	5	1	9	3	8	2	7
3	1	8	9	5	6	4	7	2
5	9	7	2	4	1	3	8	6
2	6	4	3	8	7	9	1	5

SUDOKU - 150 (Solution)

9	6	1	4	7	5	3	8	2
7	5	3	9	2	8	4	1	6
2	8	4	6	1	3	5	7	9
3	4	8	2	5	6	7	9	1
5	9	6	7	3	1	2	4	8
1	7	2	8	4	9	6	3	5
4	1	5	3	9	2	8	6	7
6	2	7	1	8	4	9	5	3
8	3	9	5	6	7	1	2	4

SUDOKU - 151 (Solution)

6	8	1	7	4	5	9	3	2
7	3	4	6	2	9	1	8	5
9	2	5	3	8	1	7	4	6
1	7	3	8	9	6	5	2	4
5	4	6	2	3	7	8	9	1
8	9	2	5	1	4	6	7	3
2	6	9	4	5	8	3	1	7
4	1	7	9	6	3	2	5	8
3	5	8	1	7	2	4	6	9

SUDOKU - 152 (Solution)

3	8	4	6	1	5	7	2	9
5	7	2	3	4	9	8	6	1
6	1	9	8	7	2	3	4	5
4	9	7	5	6	8	2	1	3
2	3	8	4	9	1	5	7	6
1	6	5	7	2	3	9	8	4
8	2	6	9	5	4	1	3	7
9	4	1	2	3	7	6	5	8
7	5	3	1	8	6	4	9	2

SUDOKU - 153 (Solution)

7	3	9	5	6	4	2	8	1
1	8	5	9	7	2	6	4	3
4	6	2	1	3	8	5	9	7
6	2	3	4	8	5	7	1	9
8	1	7	2	9	3	4	5	6
9	5	4	6	1	7	8	3	2
3	7	1	8	5	6	9	2	4
2	9	8	7	4	1	3	6	5
5	4	6	3	2	9	1	7	8

SUDOKU - 154 (Solution)

1	5	2	4	7	9	3	6	8
3	9	8	6	5	1	4	7	2
4	6	7	2	3	8	9	1	5
8	2	9	7	4	6	5	3	1
6	1	5	3	9	2	7	8	4
7	4	3	8	1	5	6	2	9
2	3	1	9	6	4	8	5	7
5	7	4	1	8	3	2	9	6
9	8	6	5	2	7	1	4	3

SUDOKU - 155 (Solution)

1	4	2	7	3	6	5	9	8
7	6	8	2	5	9	4	3	1
9	5	3	1	4	8	7	6	2
8	2	1	5	6	7	3	4	9
5	7	4	9	1	3	2	8	6
6	3	9	8	2	4	1	7	5
2	9	6	3	7	1	8	5	4
3	8	5	4	9	2	6	1	7
4	1	7	6	8	5	9	2	3

SUDOKU - 156 (Solution)

7	3	5	8	9	4	2	1	6
4	2	6	7	3	1	8	5	9
8	1	9	2	6	5	4	7	3
6	8	7	3	5	9	1	2	4
1	9	4	6	2	8	7	3	5
3	5	2	1	4	7	9	6	8
9	4	1	5	7	6	3	8	2
2	6	8	4	1	3	5	9	7
5	7	3	9	8	2	6	4	1

SUDOKU - 157 (Solution)

9	4	7	3	6	2	8	1	5
8	2	3	9	1	5	7	6	4
1	5	6	4	8	7	9	2	3
5	7	9	6	3	1	2	4	8
6	8	4	5	2	9	1	3	7
2	3	1	7	4	8	5	9	6
3	1	2	8	5	6	4	7	9
4	9	5	1	7	3	6	8	2
7	6	8	2	9	4	3	5	1

SUDOKU - 158 (Solution)

1	2	7	9	3	4	5	6	8
4	9	8	2	5	6	7	1	3
3	5	6	1	8	7	9	2	4
8	1	9	3	7	5	6	4	2
7	4	5	8	6	2	1	3	9
6	3	2	4	9	1	8	5	7
9	6	1	7	2	3	4	8	5
2	8	4	5	1	9	3	7	6
5	7	3	6	4	8	2	9	1

SUDOKU - 159 (Solution)

8	4	7	5	6	1	3	2	9
9	2	1	8	3	4	6	5	7
3	6	5	7	2	9	4	8	1
7	8	3	1	9	2	5	6	4
5	1	4	6	7	8	9	3	2
6	9	2	4	5	3	1	7	8
1	3	9	2	8	5	7	4	6
4	7	8	3	1	6	2	9	5
2	5	6	9	4	7	8	1	3

SUDOKU - 160 (Solution)

8	4	9	6	1	5	2	3	7
7	5	6	2	9	3	4	8	1
1	3	2	7	4	8	9	5	6
9	6	4	8	3	2	1	7	5
5	2	7	4	6	1	8	9	3
3	8	1	5	7	9	6	2	4
6	9	3	1	8	7	5	4	2
2	1	8	3	5	4	7	6	9
4	7	5	9	2	6	3	1	8

SUDOKU - 161 (Solution)

9	7	5	1	4	8	6	2	3
3	2	4	7	9	6	8	5	1
8	6	1	2	5	3	9	7	4
7	3	8	9	2	5	4	1	6
5	4	2	6	8	1	7	3	9
6	1	9	4	3	7	5	8	2
2	5	7	3	6	9	1	4	8
1	9	3	8	7	4	2	6	5
4	8	6	5	1	2	3	9	7

SUDOKU - 162 (Solution)

7	1	2	9	5	3	8	4	6
6	4	5	1	8	2	3	7	9
8	9	3	6	4	7	5	2	1
2	7	8	3	6	4	9	1	5
3	5	9	2	1	8	7	6	4
4	6	1	7	9	5	2	3	8
9	2	6	8	7	1	4	5	3
1	3	4	5	2	9	6	8	7
5	8	7	4	3	6	1	9	2

SUDOKU - 163 (Solution)

9	1	7	8	3	4	5	6	2
6	4	3	2	9	5	7	8	1
8	2	5	1	6	7	3	9	4
3	6	4	9	5	2	8	1	7
2	5	1	4	7	8	9	3	6
7	8	9	6	1	3	4	2	5
4	9	8	5	2	6	1	7	3
1	7	6	3	4	9	2	5	8
5	3	2	7	8	1	6	4	9

SUDOKU - 164 (Solution)

1	5	6	7	8	9	4	2	3
4	3	8	6	5	2	1	7	9
2	7	9	1	3	4	6	8	5
5	2	7	8	6	1	9	3	4
3	8	1	4	9	7	5	6	2
6	9	4	3	2	5	7	1	8
7	1	3	5	4	8	2	9	6
9	6	5	2	7	3	8	4	1
8	4	2	9	1	6	3	5	7

SUDOKU - 165 (Solution)

8	7	2	5	3	9	6	1	4
9	1	4	8	2	6	7	3	5
6	3	5	7	4	1	9	8	2
1	8	9	2	6	5	4	7	3
4	6	3	1	7	8	2	5	9
5	2	7	3	9	4	8	6	1
2	4	8	6	1	3	5	9	7
3	9	6	4	5	7	1	2	8
7	5	1	9	8	2	3	4	6

SUDOKU - 166 (Solution)

2	1	6	7	3	4	5	8	9
5	4	3	2	8	9	7	6	1
7	8	9	6	5	1	2	4	3
3	6	1	4	9	7	8	5	2
8	2	7	1	6	5	9	3	4
4	9	5	8	2	3	1	7	6
1	3	4	5	7	2	6	9	8
9	7	8	3	1	6	4	2	5
6	5	2	9	4	8	3	1	7

SUDOKU - 167 (Solution)

7	6	4	8	1	2	9	3	5
3	1	8	4	9	5	7	2	6
5	9	2	3	7	6	8	1	4
6	7	9	2	3	8	5	4	1
4	5	3	1	6	7	2	8	9
2	8	1	5	4	9	6	7	3
8	4	7	6	5	1	3	9	2
1	2	6	9	8	3	4	5	7
9	3	5	7	2	4	1	6	8

SUDOKU - 168 (Solution)

8	7	3	4	2	1	9	6	5
2	5	4	7	6	9	8	1	3
9	6	1	8	5	3	2	7	4
3	8	6	9	4	5	1	2	7
5	2	7	3	1	8	4	9	6
4	1	9	2	7	6	5	3	8
1	9	5	6	3	4	7	8	2
6	4	2	1	8	7	3	5	9
7	3	8	5	9	2	6	4	1

SUDOKU - 169 (Solution)

4	7	6	9	1	5	3	8	2
9	2	1	8	6	3	7	5	4
3	8	5	7	4	2	9	6	1
1	3	2	4	7	6	5	9	8
6	9	8	5	3	1	2	4	7
5	4	7	2	9	8	6	1	3
8	1	9	3	5	7	4	2	6
2	5	3	6	8	4	1	7	9
7	6	4	1	2	9	8	3	5

SUDOKU - 170 (Solution)

6	2	8	7	4	3	5	1	9
4	3	5	9	1	2	6	8	7
1	7	9	5	8	6	4	3	2
7	5	3	4	9	1	8	2	6
8	1	4	6	2	5	9	7	3
9	6	2	3	7	8	1	4	5
3	4	1	2	5	9	7	6	8
5	8	6	1	3	7	2	9	4
2	9	7	8	6	4	3	5	1

SUDOKU - 171 (Solution)

6	7	9	3	5	4	1	2	8
8	2	5	1	7	6	9	4	3
4	3	1	8	9	2	6	7	5
7	4	3	5	6	9	2	8	1
5	9	6	2	1	8	7	3	4
1	8	2	7	4	3	5	6	9
3	1	7	4	2	5	8	9	6
2	6	8	9	3	1	4	5	7
9	5	4	6	8	7	3	1	2

SUDOKU - 172 (Solution)

4	5	3	8	2	9	7	1	6
1	7	8	4	5	6	9	3	2
2	9	6	1	7	3	4	8	5
6	4	5	9	1	2	3	7	8
3	1	9	5	8	7	2	6	4
8	2	7	6	3	4	1	5	9
5	6	2	3	4	1	8	9	7
7	8	1	2	9	5	6	4	3
9	3	4	7	6	8	5	2	1

SUDOKU - 173 (Solution)

4	2	6	5	9	8	7	1	3
8	9	7	4	3	1	5	6	2
3	5	1	7	2	6	8	9	4
7	3	4	8	6	9	1	2	5
9	1	5	3	4	2	6	7	8
6	8	2	1	5	7	3	4	9
1	7	9	2	8	5	4	3	6
5	6	3	9	1	4	2	8	7
2	4	8	6	7	3	9	5	1

SUDOKU - 174 (Solution)

9	7	1	3	8	4	6	5	2
3	2	6	9	5	7	1	4	8
4	8	5	6	2	1	7	3	9
7	5	2	1	3	8	9	6	4
1	4	9	7	6	5	2	8	3
8	6	3	2	4	9	5	7	1
2	3	4	5	9	6	8	1	7
6	9	7	8	1	3	4	2	5
5	1	8	4	7	2	3	9	6

SUDOKU - 175 (Solution)

6	1	2	3	8	7	4	9	5
5	8	4	6	2	9	1	7	3
9	3	7	5	4	1	2	6	8
3	7	5	4	6	8	9	2	1
2	4	8	9	1	3	6	5	7
1	6	9	7	5	2	8	3	4
8	2	6	1	3	5	7	4	9
4	9	3	8	7	6	5	1	2
7	5	1	2	9	4	3	8	6

SUDOKU - 176 (Solution)

6	1	3	8	7	9	2	5	4
8	2	7	4	1	5	6	3	9
4	5	9	6	3	2	8	7	1
3	9	5	7	2	6	4	1	8
1	8	6	3	5	4	7	9	2
7	4	2	1	9	8	5	6	3
2	3	1	5	8	7	9	4	6
5	6	8	9	4	3	1	2	7
9	7	4	2	6	1	3	8	5

SUDOKU - 177 (Solution)

3	7	8	9	1	2	5	6	4
2	4	6	7	3	5	1	9	8
9	5	1	8	4	6	7	3	2
6	8	5	2	9	4	3	1	7
7	1	9	6	8	3	2	4	5
4	2	3	1	5	7	6	8	9
1	9	7	5	6	8	4	2	3
8	3	2	4	7	1	9	5	6
5	6	4	3	2	9	8	7	1

SUDOKU - 178 (Solution)

3	8	4	1	9	6	7	5	2
5	1	9	8	7	2	3	4	6
7	2	6	3	4	5	9	1	8
4	9	5	7	3	8	2	6	1
6	7	2	5	1	4	8	3	9
1	3	8	2	6	9	5	7	4
8	4	7	9	5	1	6	2	3
9	5	1	6	2	3	4	8	7
2	6	3	4	8	7	1	9	5

SUDOKU - 179 (Solution)

7	9	6	8	3	2	1	5	4
1	2	4	5	6	9	7	3	8
8	5	3	4	7	1	2	6	9
5	3	2	9	8	7	6	4	1
6	1	7	3	4	5	9	8	2
9	4	8	2	1	6	5	7	3
2	8	5	6	9	4	3	1	7
3	7	9	1	5	8	4	2	6
4	6	1	7	2	3	8	9	5

SUDOKU - 180 (Solution)

3	5	6	8	9	7	2	1	4
4	9	2	5	6	1	8	7	3
1	7	8	2	3	4	9	5	6
5	4	3	9	2	6	1	8	7
8	1	9	7	4	5	3	6	2
2	6	7	1	8	3	4	9	5
7	3	5	4	1	9	6	2	8
9	2	4	6	5	8	7	3	1
6	8	1	3	7	2	5	4	9

SUDOKU - 181 (Solution)

4	1	8	3	9	2	5	7	6
7	3	9	4	6	5	1	2	8
6	5	2	7	8	1	9	4	3
3	6	1	9	5	4	2	8	7
5	2	7	8	3	6	4	9	1
8	9	4	1	2	7	6	3	5
1	7	5	2	4	3	8	6	9
9	4	6	5	7	8	3	1	2
2	8	3	6	1	9	7	5	4

SUDOKU - 182 (Solution)

2	6	8	1	9	5	7	3	4
4	5	3	8	2	7	9	6	1
9	7	1	3	4	6	5	8	2
6	1	2	5	7	9	3	4	8
3	9	5	2	8	4	1	7	6
7	8	4	6	3	1	2	9	5
1	4	7	9	5	8	6	2	3
5	3	9	4	6	2	8	1	7
8	2	6	7	1	3	4	5	9

SUDOKU - 183 (Solution)

4	8	7	5	9	6	1	3	2
9	2	1	4	8	3	6	5	7
6	5	3	1	7	2	8	4	9
5	4	8	2	1	7	3	9	6
1	7	9	3	6	4	2	8	5
2	3	6	8	5	9	4	7	1
7	1	4	6	3	5	9	2	8
3	6	5	9	2	8	7	1	4
8	9	2	7	4	1	5	6	3

SUDOKU - 184 (Solution)

9	7	3	5	4	1	8	2	6
8	5	1	2	3	6	7	9	4
4	6	2	8	9	7	3	5	1
6	8	5	9	1	4	2	3	7
3	1	4	7	5	2	9	6	8
7	2	9	6	8	3	1	4	5
1	9	8	3	6	5	4	7	2
2	4	6	1	7	9	5	8	3
5	3	7	4	2	8	6	1	9

SUDOKU - 185 (Solution)

7	4	5	9	8	3	1	2	6
6	9	2	7	4	1	5	8	3
8	1	3	5	2	6	7	9	4
2	5	4	8	7	9	3	6	1
1	8	7	6	3	5	2	4	9
3	6	9	4	1	2	8	7	5
9	2	1	3	6	7	4	5	8
5	7	8	1	9	4	6	3	2
4	3	6	2	5	8	9	1	7

SUDOKU - 186 (Solution)

5	2	6	9	8	7	1	3	4
7	1	8	2	3	4	6	9	5
3	9	4	6	5	1	7	8	2
6	5	3	4	2	9	8	7	1
8	7	9	3	1	5	4	2	6
1	4	2	8	7	6	9	5	3
9	8	1	5	6	3	2	4	7
4	3	7	1	9	2	5	6	8
2	6	5	7	4	8	3	1	9

SUDOKU - 187 (Solution)

6	9	3	7	1	5	2	4	8
2	8	5	9	6	4	3	7	1
7	4	1	8	2	3	6	5	9
5	1	6	4	3	9	8	2	7
9	2	7	1	5	8	4	3	6
8	3	4	6	7	2	1	9	5
4	6	2	5	9	1	7	8	3
1	5	8	3	4	7	9	6	2
3	7	9	2	8	6	5	1	4

SUDOKU - 188 (Solution)

7	5	4	6	2	1	8	9	3
6	1	3	7	8	9	5	4	2
9	8	2	5	3	4	6	1	7
2	7	9	1	6	5	3	8	4
8	4	6	9	7	3	1	2	5
1	3	5	2	4	8	7	6	9
5	6	1	4	9	7	2	3	8
3	9	7	8	1	2	4	5	6
4	2	8	3	5	6	9	7	1

SUDOKU - 189 (Solution)

9	6	7	3	1	2	5	8	4
5	1	8	7	4	6	2	3	9
4	2	3	8	5	9	6	7	1
8	4	5	1	3	7	9	2	6
2	3	6	9	8	4	1	5	7
7	9	1	6	2	5	3	4	8
6	7	2	5	9	8	4	1	3
3	5	9	4	7	1	8	6	2
1	8	4	2	6	3	7	9	5

SUDOKU - 190 (Solution)

7	8	1	5	9	6	2	4	3
2	9	6	8	3	4	7	1	5
5	3	4	1	2	7	8	6	9
9	2	5	3	7	1	4	8	6
1	7	8	4	6	9	3	5	2
4	6	3	2	8	5	9	7	1
3	5	2	7	1	8	6	9	4
6	4	7	9	5	3	1	2	8
8	1	9	6	4	2	5	3	7

SUDOKU - 191 (Solution)

6	7	8	4	9	3	5	2	1
3	2	5	8	1	7	4	6	9
9	1	4	5	2	6	3	8	7
7	4	9	3	6	2	8	1	5
1	5	6	9	7	8	2	3	4
2	8	3	1	4	5	9	7	6
4	9	2	7	3	1	6	5	8
8	6	7	2	5	4	1	9	3
5	3	1	6	8	9	7	4	2

SUDOKU - 192 (Solution)

2	9	1	6	4	5	3	8	7
3	8	4	9	1	7	6	5	2
7	5	6	2	8	3	9	4	1
6	1	2	7	3	8	4	9	5
4	7	5	1	6	9	8	2	3
8	3	9	5	2	4	7	1	6
1	4	7	8	5	6	2	3	9
9	2	3	4	7	1	5	6	8
5	6	8	3	9	2	1	7	4

SUDOKU - 193 (Solution)

8	1	3	2	6	7	9	4	5
7	4	9	8	5	1	2	6	3
6	5	2	4	3	9	1	8	7
2	6	7	9	8	3	5	1	4
5	9	4	6	1	2	7	3	8
3	8	1	7	4	5	6	2	9
4	2	8	5	9	6	3	7	1
1	7	5	3	2	4	8	9	6
9	3	6	1	7	8	4	5	2

SUDOKU - 194 (Solution)

7	6	4	9	2	8	5	1	3
8	1	3	6	7	5	9	4	2
2	5	9	4	3	1	7	8	6
5	3	1	2	6	4	8	7	9
6	9	7	5	8	3	4	2	1
4	8	2	1	9	7	3	6	5
1	4	6	7	5	9	2	3	8
3	2	5	8	4	6	1	9	7
9	7	8	3	1	2	6	5	4

SUDOKU - 195 (Solution)

3	6	9	1	4	7	2	8	5
8	7	2	9	3	5	4	6	1
5	1	4	8	2	6	3	7	9
1	9	3	5	8	2	6	4	7
7	8	6	4	1	3	9	5	2
2	4	5	7	6	9	8	1	3
6	3	7	2	5	4	1	9	8
4	5	1	3	9	8	7	2	6
9	2	8	6	7	1	5	3	4

SUDOKU - 196 (Solution)

1	5	8	4	9	3	6	7	2
4	6	9	5	2	7	3	1	8
3	2	7	1	8	6	5	9	4
2	4	3	8	6	1	7	5	9
9	8	6	2	7	5	4	3	1
5	7	1	3	4	9	2	8	6
6	9	4	7	5	8	1	2	3
7	3	2	9	1	4	8	6	5
8	1	5	6	3	2	9	4	7

SUDOKU - 197 (Solution)

8	6	2	7	1	5	4	3	9
1	9	5	8	4	3	2	6	7
3	7	4	2	9	6	5	8	1
9	5	1	3	2	8	6	7	4
2	4	7	6	5	1	8	9	3
6	8	3	9	7	4	1	5	2
7	1	6	4	8	9	3	2	5
5	3	9	1	6	2	7	4	8
4	2	8	5	3	7	9	1	6

SUDOKU - 198 (Solution)

4	8	2	7	9	5	6	3	1
3	9	5	8	6	1	4	7	2
1	6	7	2	3	4	8	9	5
2	3	4	6	7	8	5	1	9
8	7	1	9	5	3	2	4	6
9	5	6	4	1	2	3	8	7
5	2	3	1	4	7	9	6	8
6	1	8	3	2	9	7	5	4
7	4	9	5	8	6	1	2	3

SUDOKU - 199 (Solution)

2	7	8	1	3	9	6	4	5
5	6	9	7	2	4	3	8	1
4	1	3	5	8	6	7	9	2
7	8	2	6	9	5	1	3	4
6	4	1	3	7	8	5	2	9
3	9	5	2	4	1	8	7	6
1	3	4	9	6	7	2	5	8
9	5	7	8	1	2	4	6	3
8	2	6	4	5	3	9	1	7

SUDOKU - 200 (Solution)

3	6	8	5	7	2	1	4	9
2	5	7	1	9	4	8	6	3
1	9	4	3	6	8	2	7	5
5	8	6	7	2	9	4	3	1
9	2	3	4	5	1	7	8	6
7	4	1	8	3	6	5	9	2
8	3	2	9	1	7	6	5	4
6	7	5	2	4	3	9	1	8
4	1	9	6	8	5	3	2	7

SUDOKU - 201 (Solution)

2	3	9	8	5	1	7	4	6
1	8	6	4	9	7	3	2	5
4	5	7	2	3	6	9	1	8
8	9	5	7	1	2	6	3	4
3	4	2	9	6	8	1	5	7
7	6	1	5	4	3	2	8	9
9	1	3	6	8	4	5	7	2
5	2	4	3	7	9	8	6	1
6	7	8	1	2	5	4	9	3

SUDOKU - 202 (Solution)

9	5	7	1	3	4	6	2	8
8	6	3	5	9	2	1	7	4
4	1	2	8	6	7	5	3	9
7	3	4	9	2	6	8	5	1
1	9	8	3	4	5	2	6	7
5	2	6	7	1	8	9	4	3
6	4	1	2	8	3	7	9	5
2	7	9	4	5	1	3	8	6
3	8	5	6	7	9	4	1	2

SUDOKU - 203 (Solution)

6	8	3	4	7	5	9	2	1
9	1	2	8	6	3	4	7	5
5	4	7	2	9	1	8	3	6
1	2	6	3	4	8	5	9	7
4	3	5	9	1	7	6	8	2
8	7	9	6	5	2	1	4	3
7	6	4	5	3	9	2	1	8
3	9	8	1	2	6	7	5	4
2	5	1	7	8	4	3	6	9

SUDOKU - 204 (Solution)

5	9	8	4	1	6	7	3	2
2	4	1	9	7	3	5	6	8
6	3	7	5	8	2	4	1	9
9	1	4	8	2	5	3	7	6
3	5	2	1	6	7	9	8	4
8	7	6	3	9	4	2	5	1
4	6	5	2	3	1	8	9	7
7	8	3	6	4	9	1	2	5
1	2	9	7	5	8	6	4	3

SUDOKU - 205 (Solution)

4	8	5	1	9	2	7	3	6
1	2	9	6	7	3	5	4	8
6	3	7	8	5	4	9	1	2
8	9	3	2	1	7	6	5	4
7	6	2	3	4	5	1	8	9
5	4	1	9	8	6	2	7	3
9	5	8	4	6	1	3	2	7
2	1	4	7	3	9	8	6	5
3	7	6	5	2	8	4	9	1

SUDOKU - 206 (Solution)

1	7	3	5	2	9	4	8	6
2	4	9	1	8	6	3	7	5
5	8	6	7	3	4	2	9	1
4	5	7	6	1	3	8	2	9
6	2	8	4	9	7	5	1	3
3	9	1	2	5	8	6	4	7
7	1	4	3	6	2	9	5	8
8	3	2	9	7	5	1	6	4
9	6	5	8	4	1	7	3	2

SUDOKU - 207 (Solution)

6	8	1	9	5	2	7	3	4
9	5	7	1	3	4	8	6	2
4	2	3	7	6	8	1	5	9
1	6	2	4	7	5	9	8	3
5	7	9	6	8	3	2	4	1
3	4	8	2	9	1	6	7	5
7	3	5	8	2	9	4	1	6
8	9	4	5	1	6	3	2	7
2	1	6	3	4	7	5	9	8

SUDOKU - 208 (Solution)

2	9	6	5	4	3	7	8	1
8	1	7	9	2	6	5	3	4
5	3	4	1	8	7	6	9	2
7	2	3	4	9	8	1	5	6
1	4	8	7	6	5	3	2	9
9	6	5	2	3	1	4	7	8
4	8	1	3	5	9	2	6	7
3	7	9	6	1	2	8	4	5
6	5	2	8	7	4	9	1	3

SUDOKU - 209 (Solution)

3	6	8	9	1	4	7	5	2
1	9	7	3	2	5	8	4	6
2	4	5	8	6	7	9	1	3
4	2	6	1	9	8	5	3	7
9	8	3	5	7	6	4	2	1
5	7	1	2	4	3	6	8	9
7	3	4	6	5	1	2	9	8
8	5	2	7	3	9	1	6	4
6	1	9	4	8	2	3	7	5

SUDOKU - 210 (Solution)

5	4	8	3	7	6	9	1	2
1	2	9	5	8	4	7	3	6
7	3	6	1	2	9	4	5	8
2	6	1	8	4	3	5	9	7
3	5	7	6	9	2	8	4	1
9	8	4	7	5	1	6	2	3
6	9	5	2	1	8	3	7	4
4	1	3	9	6	7	2	8	5
8	7	2	4	3	5	1	6	9

SUDOKU - 211 (Solution)

2	4	9	1	3	5	6	8	7
5	3	6	2	7	8	1	4	9
1	7	8	9	6	4	3	2	5
6	8	3	7	5	2	4	9	1
4	1	5	8	9	6	2	7	3
7	9	2	3	4	1	8	5	6
9	6	1	4	8	7	5	3	2
3	5	4	6	2	9	7	1	8
8	2	7	5	1	3	9	6	4

SUDOKU - 212 (Solution)

9	4	1	3	8	6	5	7	2
3	6	8	5	7	2	4	1	9
7	2	5	4	1	9	3	6	8
8	5	3	1	2	4	6	9	7
4	1	2	6	9	7	8	5	3
6	7	9	8	3	5	1	2	4
5	3	7	9	6	8	2	4	1
1	9	6	2	4	3	7	8	5
2	8	4	7	5	1	9	3	6

SUDOKU - 213 (Solution)

9	3	7	5	4	1	6	8	2
8	6	4	3	7	2	5	9	1
2	1	5	8	9	6	7	4	3
7	4	1	9	3	8	2	5	6
5	2	3	6	1	4	9	7	8
6	8	9	7	2	5	3	1	4
1	9	2	4	6	7	8	3	5
3	5	6	1	8	9	4	2	7
4	7	8	2	5	3	1	6	9

SUDOKU - 214 (Solution)

9	1	3	2	7	5	8	4	6
6	5	2	3	8	4	1	7	9
7	8	4	6	1	9	3	5	2
3	6	1	5	9	8	4	2	7
2	7	9	1	4	3	6	8	5
8	4	5	7	2	6	9	1	3
4	9	7	8	6	2	5	3	1
1	3	8	9	5	7	2	6	4
5	2	6	4	3	1	7	9	8

SUDOKU - 215 (Solution)

6	2	3	5	7	1	4	8	9
5	4	8	3	6	9	2	7	1
9	1	7	8	2	4	3	5	6
8	9	2	6	4	7	1	3	5
4	3	1	9	5	2	7	6	8
7	5	6	1	3	8	9	4	2
2	6	9	7	8	3	5	1	4
1	7	5	4	9	6	8	2	3
3	8	4	2	1	5	6	9	7

SUDOKU - 216 (Solution)

5	6	9	8	1	4	7	3	2
4	2	3	5	6	7	1	8	9
1	7	8	3	2	9	6	5	4
3	5	1	6	8	2	4	9	7
2	9	7	4	5	1	8	6	3
6	8	4	7	9	3	5	2	1
9	3	6	1	7	8	2	4	5
8	1	2	9	4	5	3	7	6
7	4	5	2	3	6	9	1	8

SUDOKU - 217 (Solution)

6	9	2	7	8	3	1	4	5
5	7	3	2	4	1	6	8	9
8	4	1	5	9	6	3	7	2
2	1	4	3	5	8	7	9	6
9	5	6	4	1	7	2	3	8
7	3	8	9	6	2	4	5	1
3	6	9	8	2	4	5	1	7
1	8	7	6	3	5	9	2	4
4	2	5	1	7	9	8	6	3

SUDOKU - 218 (Solution)

5	1	6	7	2	4	3	8	9
7	9	8	5	6	3	1	2	4
2	4	3	1	9	8	6	7	5
3	2	1	4	7	6	9	5	8
6	5	9	8	1	2	4	3	7
8	7	4	9	3	5	2	6	1
1	8	2	3	5	9	7	4	6
9	3	5	6	4	7	8	1	2
4	6	7	2	8	1	5	9	3

SUDOKU - 219 (Solution)

2	4	7	9	8	6	5	1	3
5	8	6	1	4	3	2	9	7
3	1	9	5	7	2	4	8	6
6	7	5	3	1	8	9	4	2
8	3	4	6	2	9	1	7	5
9	2	1	4	5	7	6	3	8
1	6	8	2	3	4	7	5	9
7	5	2	8	9	1	3	6	4
4	9	3	7	6	5	8	2	1

SUDOKU - 220 (Solution)

7	2	8	9	5	3	4	1	6
1	9	4	7	8	6	5	2	3
3	6	5	1	4	2	7	8	9
5	1	6	3	2	9	8	7	4
2	4	3	6	7	8	1	9	5
8	7	9	5	1	4	6	3	2
6	5	2	8	3	1	9	4	7
9	3	1	4	6	7	2	5	8
4	8	7	2	9	5	3	6	1

SUDOKU - 221 (Solution)

1	6	8	2	3	7	9	5	4
2	7	3	4	9	5	1	6	8
9	5	4	1	8	6	7	2	3
7	8	9	6	2	1	4	3	5
5	2	6	3	7	4	8	1	9
4	3	1	9	5	8	2	7	6
3	9	7	8	6	2	5	4	1
8	1	5	7	4	3	6	9	2
6	4	2	5	1	9	3	8	7

SUDOKU - 222 (Solution)

4	9	3	2	5	6	1	7	8
5	2	8	3	7	1	4	6	9
6	1	7	8	9	4	3	2	5
8	5	1	7	2	9	6	4	3
2	7	4	6	3	5	9	8	1
9	3	6	4	1	8	2	5	7
7	6	2	9	8	3	5	1	4
3	4	5	1	6	7	8	9	2
1	8	9	5	4	2	7	3	6

SUDOKU - 223 (Solution)

8	6	3	4	5	9	7	1	2
2	1	5	8	6	7	9	4	3
4	9	7	3	2	1	8	6	5
6	8	9	5	1	2	4	3	7
5	7	4	9	3	8	6	2	1
1	3	2	6	7	4	5	8	9
3	2	8	7	9	6	1	5	4
9	4	1	2	8	5	3	7	6
7	5	6	1	4	3	2	9	8

SUDOKU - 224 (Solution)

2	1	3	4	6	7	5	8	9
9	8	6	3	5	2	4	1	7
4	7	5	8	1	9	3	6	2
8	2	9	1	7	4	6	3	5
3	5	4	6	2	8	7	9	1
7	6	1	5	9	3	8	2	4
6	4	2	9	8	5	1	7	3
5	9	8	7	3	1	2	4	6
1	3	7	2	4	6	9	5	8

SUDOKU - 225 (Solution)

8	1	4	7	9	6	5	3	2
3	6	2	1	4	5	9	7	8
9	7	5	3	2	8	4	1	6
2	8	9	5	3	1	6	4	7
4	5	1	6	7	2	8	9	3
6	3	7	9	8	4	1	2	5
5	2	6	4	1	7	3	8	9
1	9	8	2	5	3	7	6	4
7	4	3	8	6	9	2	5	1

SUDOKU - 226 (Solution)

2	3	5	7	9	8	1	4	6
4	1	7	6	5	3	9	2	8
9	6	8	1	4	2	5	7	3
6	8	9	2	7	4	3	5	1
1	7	2	9	3	5	8	6	4
5	4	3	8	6	1	7	9	2
3	5	6	4	8	7	2	1	9
8	2	4	5	1	9	6	3	7
7	9	1	3	2	6	4	8	5

SUDOKU - 227 (Solution)

9	3	6	7	4	5	2	1	8
7	5	4	8	2	1	9	3	6
1	2	8	9	6	3	5	7	4
5	1	2	3	8	6	4	9	7
6	4	7	5	1	9	3	8	2
3	8	9	4	7	2	1	6	5
8	9	5	6	3	4	7	2	1
2	7	3	1	5	8	6	4	9
4	6	1	2	9	7	8	5	3

SUDOKU - 228 (Solution)

4	2	7	5	3	6	1	9	8
6	1	9	7	8	4	3	2	5
5	8	3	2	1	9	4	7	6
7	9	5	4	6	1	8	3	2
2	3	4	8	7	5	9	6	1
8	6	1	9	2	3	5	4	7
3	4	2	1	5	7	6	8	9
9	5	8	6	4	2	7	1	3
1	7	6	3	9	8	2	5	4

SUDOKU - 229 (Solution)

1	2	5	9	4	7	3	6	8
9	3	4	8	1	6	5	7	2
6	8	7	2	5	3	4	9	1
7	4	8	6	9	1	2	3	5
3	5	6	4	8	2	9	1	7
2	9	1	7	3	5	8	4	6
8	1	9	5	7	4	6	2	3
5	6	3	1	2	9	7	8	4
4	7	2	3	6	8	1	5	9

SUDOKU - 230 (Solution)

8	1	2	3	6	7	4	5	9
7	9	5	1	2	4	6	8	3
3	6	4	9	8	5	2	7	1
9	7	1	6	4	3	8	2	5
6	2	3	5	9	8	1	4	7
5	4	8	7	1	2	3	9	6
2	3	6	4	5	9	7	1	8
4	5	7	8	3	1	9	6	2
1	8	9	2	7	6	5	3	4

SUDOKU - 231 (Solution)

1	6	3	7	5	4	8	2	9
5	8	7	1	2	9	3	4	6
9	2	4	6	3	8	5	1	7
2	5	1	9	8	6	7	3	4
6	3	9	4	7	5	2	8	1
4	7	8	2	1	3	6	9	5
7	4	5	3	9	2	1	6	8
3	1	6	8	4	7	9	5	2
8	9	2	5	6	1	4	7	3

SUDOKU - 232 (Solution)

7	6	8	9	2	5	3	1	4
2	3	4	1	8	6	5	9	7
9	1	5	4	7	3	8	2	6
4	9	6	2	5	8	1	7	3
5	7	2	3	4	1	6	8	9
3	8	1	6	9	7	2	4	5
6	5	9	8	1	4	7	3	2
1	4	3	7	6	2	9	5	8
8	2	7	5	3	9	4	6	1

SUDOKU - 233 (Solution)

7	6	9	5	8	4	1	2	3
8	1	4	9	2	3	7	5	6
2	5	3	7	1	6	4	9	8
6	7	1	2	9	5	3	8	4
3	2	8	4	6	1	9	7	5
9	4	5	3	7	8	2	6	1
1	9	6	8	3	2	5	4	7
4	3	2	6	5	7	8	1	9
5	8	7	1	4	9	6	3	2

SUDOKU - 234 (Solution)

8	2	6	1	7	9	4	5	3
7	1	3	4	6	5	2	8	9
4	5	9	8	2	3	1	6	7
2	6	7	9	8	1	5	3	4
1	8	4	3	5	2	9	7	6
3	9	5	6	4	7	8	2	1
9	3	8	2	1	6	7	4	5
6	7	2	5	9	4	3	1	8
5	4	1	7	3	8	6	9	2

SUDOKU - 235 (Solution)

7	9	3	6	1	8	4	5	2
1	8	2	3	5	4	6	7	9
5	6	4	2	9	7	1	8	3
9	7	5	8	6	1	3	2	4
6	4	8	9	3	2	7	1	5
2	3	1	7	4	5	8	9	6
3	2	7	5	8	6	9	4	1
4	5	9	1	7	3	2	6	8
8	1	6	4	2	9	5	3	7

SUDOKU - 236 (Solution)

7	2	4	5	1	6	3	8	9
6	3	1	8	9	2	4	7	5
8	9	5	4	3	7	2	6	1
4	7	8	2	6	9	5	1	3
1	6	3	7	4	5	9	2	8
2	5	9	3	8	1	6	4	7
5	8	6	1	2	3	7	9	4
9	4	7	6	5	8	1	3	2
3	1	2	9	7	4	8	5	6

SUDOKU - 237 (Solution)

8	2	1	5	4	3	7	6	9
6	5	3	8	7	9	2	1	4
7	4	9	6	1	2	8	3	5
9	3	7	4	8	5	1	2	6
4	8	6	3	2	1	9	5	7
5	1	2	9	6	7	3	4	8
3	7	5	2	9	6	4	8	1
1	6	8	7	3	4	5	9	2
2	9	4	1	5	8	6	7	3

SUDOKU - 238 (Solution)

8	3	6	9	2	5	1	4	7
7	9	5	6	1	4	8	3	2
2	1	4	3	7	8	9	5	6
3	7	1	2	9	6	4	8	5
6	4	9	5	8	3	2	7	1
5	2	8	7	4	1	6	9	3
9	8	7	1	5	2	3	6	4
4	6	2	8	3	7	5	1	9
1	5	3	4	6	9	7	2	8

SUDOKU - 239 (Solution)

3	7	4	6	9	2	5	1	8
2	5	1	4	3	8	6	9	7
9	6	8	5	1	7	2	3	4
4	3	2	1	7	9	8	6	5
7	8	6	3	5	4	9	2	1
1	9	5	8	2	6	7	4	3
8	1	9	7	6	3	4	5	2
5	2	7	9	4	1	3	8	6
6	4	3	2	8	5	1	7	9

SUDOKU - 240 (Solution)

6	4	9	3	8	5	7	2	1
2	1	3	6	4	7	8	9	5
8	7	5	1	2	9	6	3	4
9	8	1	2	7	3	4	5	6
4	6	7	9	5	1	2	8	3
5	3	2	4	6	8	9	1	7
7	9	6	5	3	2	1	4	8
3	2	4	8	1	6	5	7	9
1	5	8	7	9	4	3	6	2

SUDOKU - 241 (Solution)

8	3	7	2	6	5	1	4	9
2	9	6	7	1	4	8	3	5
4	1	5	8	3	9	6	7	2
1	6	8	4	2	7	5	9	3
5	2	4	6	9	3	7	8	1
9	7	3	1	5	8	4	2	6
6	8	9	3	7	1	2	5	4
7	5	1	9	4	2	3	6	8
3	4	2	5	8	6	9	1	7

SUDOKU - 242 (Solution)

3	9	4	7	8	2	1	6	5
7	2	8	6	5	1	4	9	3
1	5	6	3	4	9	7	2	8
2	6	7	8	9	3	5	1	4
4	1	3	2	7	5	9	8	6
5	8	9	4	1	6	3	7	2
8	3	5	1	6	7	2	4	9
6	7	2	9	3	4	8	5	1
9	4	1	5	2	8	6	3	7

SUDOKU - 243 (Solution)

5	8	3	2	9	7	4	6	1
2	4	6	3	1	8	9	7	5
1	9	7	5	6	4	2	3	8
3	2	1	6	8	5	7	4	9
6	5	9	4	7	2	8	1	3
4	7	8	9	3	1	6	5	2
7	1	2	8	4	3	5	9	6
9	3	5	7	2	6	1	8	4
8	6	4	1	5	9	3	2	7

SUDOKU - 244 (Solution)

7	5	8	1	6	2	4	3	9
6	1	2	4	3	9	8	7	5
4	9	3	8	5	7	1	2	6
5	7	1	3	4	8	9	6	2
9	3	6	5	2	1	7	4	8
2	8	4	7	9	6	5	1	3
8	6	5	2	7	4	3	9	1
1	4	9	6	8	3	2	5	7
3	2	7	9	1	5	6	8	4

SUDOKU - 245 (Solution)

6	8	9	3	7	4	2	5	1
7	4	1	2	5	6	8	3	9
2	3	5	9	1	8	4	7	6
8	6	2	5	4	1	7	9	3
1	7	4	8	9	3	5	6	2
5	9	3	7	6	2	1	4	8
4	1	7	6	2	9	3	8	5
9	5	8	1	3	7	6	2	4
3	2	6	4	8	5	9	1	7

SUDOKU - 246 (Solution)

2	7	5	9	8	3	4	6	1
8	6	3	7	4	1	2	5	9
9	4	1	2	5	6	3	7	8
4	3	6	5	1	2	9	8	7
1	2	8	4	7	9	6	3	5
7	5	9	3	6	8	1	4	2
3	9	7	6	2	5	8	1	4
6	8	4	1	9	7	5	2	3
5	1	2	8	3	4	7	9	6

SUDOKU - 247 (Solution)

9	2	3	8	1	4	5	7	6
8	5	4	2	6	7	1	9	3
6	1	7	5	9	3	2	8	4
5	3	8	4	7	2	6	1	9
1	4	6	3	5	9	8	2	7
2	7	9	6	8	1	4	3	5
3	8	1	7	4	5	9	6	2
7	9	5	1	2	6	3	4	8
4	6	2	9	3	8	7	5	1

SUDOKU - 248 (Solution)

6	7	2	9	8	1	5	4	3
3	5	8	6	7	4	1	2	9
4	9	1	5	3	2	6	8	7
8	3	5	2	4	7	9	1	6
2	4	7	1	9	6	8	3	5
1	6	9	8	5	3	4	7	2
9	1	3	4	2	5	7	6	8
5	2	4	7	6	8	3	9	1
7	8	6	3	1	9	2	5	4

SUDOKU - 249 (Solution)

9	4	5	1	3	6	7	8	2
7	3	8	9	2	5	4	6	1
1	2	6	7	8	4	9	5	3
4	8	7	5	9	3	2	1	6
6	1	3	2	7	8	5	4	9
5	9	2	4	6	1	3	7	8
2	7	4	6	1	9	8	3	5
8	6	9	3	5	7	1	2	4
3	5	1	8	4	2	6	9	7

SUDOKU - 250 (Solution)

5	9	4	6	8	2	7	1	3
2	7	3	5	1	4	6	8	9
1	6	8	3	7	9	2	4	5
7	3	1	2	9	5	4	6	8
9	5	2	4	6	8	1	3	7
8	4	6	7	3	1	5	9	2
4	1	7	8	5	3	9	2	6
6	8	9	1	2	7	3	5	4
3	2	5	9	4	6	8	7	1

SUDOKU - 251 (Solution)

5	6	3	9	2	7	1	8	4
9	8	1	4	3	5	6	2	7
4	7	2	8	1	6	3	5	9
1	3	4	7	6	2	8	9	5
8	5	9	1	4	3	7	6	2
6	2	7	5	8	9	4	3	1
2	1	6	3	5	4	9	7	8
3	9	8	2	7	1	5	4	6
7	4	5	6	9	8	2	1	3

SUDOKU - 252 (Solution)

6	2	8	7	1	9	4	5	3
5	3	4	8	6	2	7	9	1
9	7	1	4	5	3	6	2	8
8	1	6	5	7	4	2	3	9
2	4	3	1	9	8	5	7	6
7	5	9	2	3	6	1	8	4
1	8	2	3	4	5	9	6	7
3	9	7	6	2	1	8	4	5
4	6	5	9	8	7	3	1	2

SUDOKU - 253 (Solution)

1	4	8	2	5	7	3	6	9
7	2	3	8	6	9	5	1	4
6	5	9	4	1	3	8	7	2
3	1	7	6	9	4	2	8	5
5	9	6	3	8	2	7	4	1
4	8	2	1	7	5	6	9	3
8	3	5	7	4	1	9	2	6
9	7	1	5	2	6	4	3	8
2	6	4	9	3	8	1	5	7

SUDOKU - 254 (Solution)

7	9	2	3	4	8	1	5	6
4	1	8	9	6	5	3	2	7
6	3	5	1	2	7	9	8	4
5	7	4	8	1	9	6	3	2
3	8	1	6	7	2	5	4	9
2	6	9	5	3	4	8	7	1
8	2	6	4	9	3	7	1	5
9	5	7	2	8	1	4	6	3
1	4	3	7	5	6	2	9	8

SUDOKU - 255 (Solution)

2	5	6	8	4	7	1	9	3
8	4	3	5	9	1	2	6	7
7	9	1	6	2	3	4	8	5
5	3	9	1	7	2	8	4	6
4	1	7	3	8	6	9	5	2
6	8	2	9	5	4	7	3	1
3	6	8	7	1	9	5	2	4
1	2	5	4	3	8	6	7	9
9	7	4	2	6	5	3	1	8

SUDOKU - 256 (Solution)

5	9	1	2	3	6	4	8	7
8	7	4	5	9	1	2	3	6
2	3	6	4	8	7	1	9	5
3	4	7	6	2	5	8	1	9
6	1	8	3	4	9	7	5	2
9	5	2	7	1	8	6	4	3
4	2	9	8	7	3	5	6	1
7	6	3	1	5	4	9	2	8
1	8	5	9	6	2	3	7	4

SUDOKU - 257 (Solution)

3	7	9	2	8	1	4	6	5
8	4	6	7	5	9	3	1	2
2	5	1	3	6	4	8	7	9
4	8	3	1	2	5	7	9	6
7	1	2	4	9	6	5	3	8
6	9	5	8	7	3	1	2	4
5	6	8	9	3	7	2	4	1
1	2	7	6	4	8	9	5	3
9	3	4	5	1	2	6	8	7

SUDOKU - 258 (Solution)

8	3	4	5	7	9	1	6	2
2	9	6	1	8	3	7	5	4
5	7	1	4	2	6	9	3	8
6	4	8	9	5	2	3	7	1
7	1	9	6	3	4	8	2	5
3	5	2	8	1	7	6	4	9
1	6	7	2	9	5	4	8	3
9	2	3	7	4	8	5	1	6
4	8	5	3	6	1	2	9	7

SUDOKU - 259 (Solution)

4	9	5	6	1	3	2	8	7
2	3	6	7	9	8	1	4	5
1	7	8	4	5	2	6	3	9
5	8	1	9	7	4	3	6	2
6	2	3	1	8	5	7	9	4
7	4	9	3	2	6	5	1	8
3	1	7	5	4	9	8	2	6
8	6	4	2	3	7	9	5	1
9	5	2	8	6	1	4	7	3

SUDOKU - 260 (Solution)

1	2	9	5	6	3	4	8	7
6	7	3	1	8	4	9	2	5
4	5	8	9	7	2	1	6	3
8	6	7	2	5	1	3	9	4
2	9	4	7	3	8	5	1	6
3	1	5	6	4	9	2	7	8
9	4	6	3	1	7	8	5	2
7	3	1	8	2	5	6	4	9
5	8	2	4	9	6	7	3	1

SUDOKU - 261 (Solution)

3	5	2	1	8	6	7	4	9
1	7	4	9	3	2	6	8	5
8	9	6	5	4	7	3	2	1
2	6	3	7	5	9	4	1	8
4	8	7	3	2	1	5	9	6
9	1	5	4	6	8	2	3	7
5	3	1	6	9	4	8	7	2
7	4	8	2	1	5	9	6	3
6	2	9	8	7	3	1	5	4

SUDOKU - 262 (Solution)

2	3	9	1	6	5	7	4	8
4	5	7	3	8	2	9	6	1
6	8	1	9	7	4	3	2	5
1	2	8	5	4	3	6	9	7
9	7	6	8	2	1	4	5	3
3	4	5	6	9	7	8	1	2
5	1	4	7	3	9	2	8	6
8	9	3	2	1	6	5	7	4
7	6	2	4	5	8	1	3	9

SUDOKU - 263 (Solution)

7	1	3	5	2	8	9	4	6
4	9	8	3	7	6	5	1	2
2	6	5	9	1	4	8	7	3
5	7	2	4	8	9	3	6	1
8	3	1	6	5	7	4	2	9
6	4	9	2	3	1	7	5	8
9	2	6	8	4	5	1	3	7
3	5	7	1	9	2	6	8	4
1	8	4	7	6	3	2	9	5

SUDOKU - 264 (Solution)

3	5	7	1	6	2	4	8	9
1	2	6	9	4	8	3	7	5
4	9	8	7	5	3	1	6	2
5	1	4	2	3	7	8	9	6
9	7	3	4	8	6	5	2	1
8	6	2	5	1	9	7	3	4
6	8	5	3	9	4	2	1	7
7	3	1	6	2	5	9	4	8
2	4	9	8	7	1	6	5	3

SUDOKU - 265 (Solution)

4	6	7	8	1	2	5	9	3
3	1	2	6	5	9	7	4	8
9	8	5	3	4	7	1	2	6
7	9	6	4	2	3	8	1	5
1	2	4	5	7	8	3	6	9
8	5	3	9	6	1	2	7	4
6	7	9	1	3	5	4	8	2
5	4	1	2	8	6	9	3	7
2	3	8	7	9	4	6	5	1

SUDOKU - 266 (Solution)

6	1	9	5	2	3	8	4	7
3	2	4	9	8	7	1	5	6
8	7	5	6	4	1	2	9	3
4	5	6	1	3	8	7	2	9
9	8	7	2	5	4	6	3	1
2	3	1	7	6	9	5	8	4
1	9	3	8	7	5	4	6	2
5	4	2	3	1	6	9	7	8
7	6	8	4	9	2	3	1	5

SUDOKU - 267 (Solution)

3	1	2	6	5	7	4	9	8
4	8	5	2	1	9	3	7	6
7	6	9	8	4	3	5	2	1
9	7	8	3	2	6	1	5	4
1	3	6	5	7	4	2	8	9
2	5	4	1	9	8	6	3	7
8	4	1	9	3	5	7	6	2
5	9	7	4	6	2	8	1	3
6	2	3	7	8	1	9	4	5

SUDOKU - 268 (Solution)

4	1	2	5	3	6	9	7	8
9	5	7	2	4	8	1	6	3
3	8	6	9	1	7	5	2	4
8	3	5	7	2	9	6	4	1
2	4	1	8	6	3	7	5	9
7	6	9	1	5	4	8	3	2
5	7	3	4	8	1	2	9	6
1	2	4	6	9	5	3	8	7
6	9	8	3	7	2	4	1	5

SUDOKU - 269 (Solution)

2	7	1	6	8	9	3	4	5
3	8	9	5	7	4	6	1	2
5	6	4	1	3	2	8	7	9
7	2	3	4	6	5	9	8	1
6	4	8	7	9	1	5	2	3
9	1	5	8	2	3	4	6	7
1	9	7	3	4	6	2	5	8
8	3	6	2	5	7	1	9	4
4	5	2	9	1	8	7	3	6

SUDOKU - 270 (Solution)

4	8	5	1	9	6	7	2	3
2	7	1	8	3	5	6	4	9
9	3	6	2	7	4	1	5	8
5	1	2	6	8	7	3	9	4
7	4	8	9	5	3	2	1	6
6	9	3	4	2	1	8	7	5
1	5	7	3	6	9	4	8	2
8	6	4	5	1	2	9	3	7
3	2	9	7	4	8	5	6	1

SUDOKU - 271 (Solution)

6	4	2	5	7	8	1	9	3
5	7	3	6	1	9	4	2	8
8	1	9	4	2	3	6	7	5
4	2	6	7	9	5	8	3	1
9	3	7	8	4	1	2	5	6
1	8	5	2	3	6	7	4	9
3	9	4	1	8	2	5	6	7
2	5	1	9	6	7	3	8	4
7	6	8	3	5	4	9	1	2

SUDOKU - 272 (Solution)

5	4	6	3	2	9	1	8	7
8	2	9	5	1	7	4	3	6
1	7	3	6	4	8	2	9	5
7	9	8	2	6	1	5	4	3
2	5	1	4	7	3	8	6	9
6	3	4	8	9	5	7	2	1
3	1	5	9	8	4	6	7	2
4	6	7	1	3	2	9	5	8
9	8	2	7	5	6	3	1	4

SUDOKU - 273 (Solution)

3	4	5	9	8	7	6	2	1
7	9	8	6	1	2	5	3	4
1	6	2	4	5	3	9	7	8
2	3	6	8	9	5	4	1	7
4	7	9	1	2	6	8	5	3
5	8	1	7	3	4	2	9	6
8	5	7	3	6	9	1	4	2
9	1	4	2	7	8	3	6	5
6	2	3	5	4	1	7	8	9

SUDOKU - 274 (Solution)

6	4	2	5	7	8	1	9	3
5	7	3	6	1	9	4	2	8
8	1	9	3	2	4	7	6	5
3	5	8	1	6	7	2	4	9
7	2	1	9	4	3	5	8	6
4	9	6	2	8	5	3	7	1
1	6	4	8	5	2	9	3	7
9	8	7	4	3	1	6	5	2
2	3	5	7	9	6	8	1	4

SUDOKU - 275 (Solution)

8	2	1	4	6	5	3	9	7
6	4	7	8	9	3	1	5	2
3	5	9	2	7	1	6	4	8
9	7	8	3	2	6	4	1	5
4	1	3	7	5	8	9	2	6
5	6	2	1	4	9	8	7	3
1	9	6	5	8	7	2	3	4
2	8	5	9	3	4	7	6	1
7	3	4	6	1	2	5	8	9

SUDOKU - 276 (Solution)

7	6	2	3	4	1	8	5	9
4	5	8	7	2	9	6	3	1
1	9	3	6	5	8	4	7	2
6	7	9	2	3	4	1	8	5
2	3	1	5	8	6	9	4	7
5	8	4	9	1	7	2	6	3
8	2	6	1	7	3	5	9	4
3	4	5	8	9	2	7	1	6
9	1	7	4	6	5	3	2	8

SUDOKU - 277 (Solution)

4	1	2	5	6	9	8	7	3
8	5	9	7	2	3	1	6	4
3	7	6	1	8	4	9	5	2
7	2	5	4	9	8	6	3	1
6	4	8	2	3	1	7	9	5
1	9	3	6	7	5	2	4	8
2	8	7	3	5	6	4	1	9
9	3	4	8	1	7	5	2	6
5	6	1	9	4	2	3	8	7

SUDOKU - 278 (Solution)

4	3	6	9	5	7	2	8	1
1	2	8	3	6	4	5	9	7
7	5	9	8	2	1	3	6	4
6	9	2	4	7	5	1	3	8
8	4	7	1	3	9	6	2	5
3	1	5	2	8	6	4	7	9
2	8	4	5	9	3	7	1	6
9	7	1	6	4	2	8	5	3
5	6	3	7	1	8	9	4	2

SUDOKU - 279 (Solution)

9	2	3	7	4	6	1	5	8
7	8	1	5	3	2	4	9	6
6	4	5	8	9	1	3	7	2
8	1	9	3	7	5	6	2	4
5	6	2	9	1	4	7	8	3
3	7	4	6	2	8	5	1	9
4	5	6	1	8	9	2	3	7
2	9	7	4	5	3	8	6	1
1	3	8	2	6	7	9	4	5

SUDOKU - 280 (Solution)

2	3	8	1	5	9	6	7	4
5	9	6	7	2	4	3	8	1
7	1	4	8	3	6	9	2	5
1	7	2	4	8	3	5	6	9
8	6	3	9	1	5	2	4	7
4	5	9	6	7	2	8	1	3
9	8	7	5	6	1	4	3	2
6	2	5	3	4	7	1	9	8
3	4	1	2	9	8	7	5	6

SUDOKU - 281 (Solution)

9	7	2	5	4	1	8	6	3
8	1	3	2	6	9	7	5	4
5	4	6	7	8	3	1	2	9
7	5	8	9	3	4	6	1	2
1	3	4	6	7	2	9	8	5
6	2	9	8	1	5	3	4	7
4	6	1	3	2	7	5	9	8
2	9	7	1	5	8	4	3	6
3	8	5	4	9	6	2	7	1

SUDOKU - 282 (Solution)

2	6	7	8	5	9	4	1	3
3	1	9	6	7	4	2	5	8
8	5	4	2	1	3	7	6	9
5	8	2	7	3	6	9	4	1
4	3	6	5	9	1	8	7	2
9	7	1	4	8	2	5	3	6
1	2	5	3	4	8	6	9	7
7	9	8	1	6	5	3	2	4
6	4	3	9	2	7	1	8	5

SUDOKU - 283 (Solution)

1	9	5	2	3	6	7	4	8
8	2	4	9	5	7	6	3	1
6	7	3	8	4	1	2	9	5
4	1	7	5	2	9	8	6	3
2	5	9	6	8	3	1	7	4
3	8	6	1	7	4	5	2	9
5	3	8	4	6	2	9	1	7
9	4	2	7	1	5	3	8	6
7	6	1	3	9	8	4	5	2

SUDOKU - 284 (Solution)

7	1	3	8	5	6	2	9	4
4	6	8	3	9	2	1	5	7
9	5	2	4	1	7	3	8	6
2	7	4	1	8	3	9	6	5
8	3	6	9	7	5	4	1	2
1	9	5	2	6	4	8	7	3
5	2	9	7	3	8	6	4	1
3	8	7	6	4	1	5	2	9
6	4	1	5	2	9	7	3	8

SUDOKU - 285 (Solution)

5	7	2	3	4	8	1	9	6
8	9	3	6	5	1	4	7	2
4	6	1	7	9	2	5	3	8
2	4	5	8	7	6	9	1	3
9	1	8	5	2	3	7	6	4
6	3	7	9	1	4	8	2	5
3	5	6	1	8	7	2	4	9
7	8	4	2	6	9	3	5	1
1	2	9	4	3	5	6	8	7

SUDOKU - 286 (Solution)

9	7	6	3	5	2	1	8	4
5	8	4	7	9	1	3	2	6
3	1	2	4	8	6	9	7	5
1	4	5	2	3	8	6	9	7
2	3	7	1	6	9	5	4	8
6	9	8	5	4	7	2	3	1
7	6	9	8	2	5	4	1	3
4	5	1	9	7	3	8	6	2
8	2	3	6	1	4	7	5	9

SUDOKU - 287 (Solution)

9	5	2	3	7	4	6	1	8
3	7	4	6	1	8	5	2	9
6	8	1	2	9	5	7	4	3
4	9	7	8	5	3	1	6	2
1	3	8	7	6	2	9	5	4
2	6	5	1	4	9	3	8	7
7	2	6	9	8	1	4	3	5
5	1	3	4	2	7	8	9	6
8	4	9	5	3	6	2	7	1

SUDOKU - 288 (Solution)

7	2	5	3	4	8	6	1	9
9	3	1	5	7	6	4	8	2
8	6	4	2	9	1	5	3	7
6	1	8	7	2	9	3	5	4
2	9	3	8	5	4	7	6	1
4	5	7	6	1	3	2	9	8
1	7	6	4	8	5	9	2	3
3	8	2	9	6	7	1	4	5
5	4	9	1	3	2	8	7	6

SUDOKU - 289 (Solution)

7	1	8	9	4	2	3	6	5
9	2	6	8	5	3	4	1	7
3	5	4	1	7	6	9	8	2
5	9	2	4	3	1	8	7	6
6	8	7	5	2	9	1	3	4
4	3	1	6	8	7	2	5	9
8	7	9	2	1	5	6	4	3
2	4	5	3	6	8	7	9	1
1	6	3	7	9	4	5	2	8

SUDOKU - 290 (Solution)

4	5	2	3	8	6	1	9	7
3	8	9	1	2	7	4	6	5
6	7	1	4	9	5	2	8	3
1	3	4	5	6	8	7	2	9
7	6	8	2	3	9	5	4	1
9	2	5	7	1	4	8	3	6
8	4	3	9	7	1	6	5	2
2	1	6	8	5	3	9	7	4
5	9	7	6	4	2	3	1	8

SUDOKU - 291 (Solution)

7	5	2	3	9	1	4	6	8
1	4	6	2	8	5	3	9	7
8	9	3	7	4	6	1	5	2
4	2	1	9	3	7	6	8	5
6	8	5	4	1	2	7	3	9
9	3	7	5	6	8	2	1	4
2	6	9	1	5	4	8	7	3
3	1	4	8	7	9	5	2	6
5	7	8	6	2	3	9	4	1

SUDOKU - 292 (Solution)

4	5	7	9	6	2	1	3	8
8	3	2	1	5	4	6	7	9
9	1	6	3	7	8	4	5	2
7	9	8	4	1	5	2	6	3
6	4	5	7	2	3	9	8	1
3	2	1	8	9	6	5	4	7
2	8	9	6	4	7	3	1	5
5	7	4	2	3	1	8	9	6
1	6	3	5	8	9	7	2	4

SUDOKU - 293 (Solution)

6	8	2	7	3	1	9	4	5
4	9	5	8	6	2	3	7	1
1	7	3	9	4	5	6	2	8
7	5	1	3	2	9	8	6	4
9	4	8	1	7	6	2	5	3
3	2	6	4	5	8	7	1	9
2	1	4	6	8	3	5	9	7
8	6	9	5	1	7	4	3	2
5	3	7	2	9	4	1	8	6

SUDOKU - 294 (Solution)

8	5	1	7	2	3	9	6	4
7	9	2	6	8	4	5	1	3
4	3	6	1	5	9	7	8	2
1	8	3	2	7	6	4	9	5
9	7	4	5	3	1	8	2	6
6	2	5	4	9	8	3	7	1
2	6	8	9	4	5	1	3	7
5	1	9	3	6	7	2	4	8
3	4	7	8	1	2	6	5	9

SUDOKU - 295 (Solution)

7	2	1	6	3	8	4	5	9
3	5	6	7	4	9	8	1	2
4	8	9	5	1	2	3	7	6
6	1	5	2	8	3	7	9	4
9	3	7	1	6	4	2	8	5
8	4	2	9	5	7	6	3	1
1	9	4	8	7	6	5	2	3
2	7	3	4	9	5	1	6	8
5	6	8	3	2	1	9	4	7

SUDOKU - 296 (Solution)

5	4	7	6	2	1	9	8	3
3	9	1	4	7	8	5	6	2
6	2	8	3	9	5	1	4	7
4	1	5	2	3	6	7	9	8
8	6	3	7	1	9	4	2	5
9	7	2	5	8	4	3	1	6
1	8	6	9	5	3	2	7	4
7	3	4	1	6	2	8	5	9
2	5	9	8	4	7	6	3	1

SUDOKU - 297 (Solution)

7	2	5	1	8	3	9	4	6
4	9	8	5	7	6	3	2	1
3	1	6	9	4	2	7	8	5
6	8	2	7	1	5	4	3	9
9	3	4	6	2	8	5	1	7
1	5	7	3	9	4	2	6	8
5	6	9	2	3	1	8	7	4
8	7	3	4	6	9	1	5	2
2	4	1	8	5	7	6	9	3

SUDOKU - 298 (Solution)

6	7	8	2	4	5	1	3	9
1	9	5	8	3	7	6	2	4
2	4	3	9	1	6	8	7	5
9	6	2	3	5	1	4	8	7
4	8	7	6	9	2	3	5	1
5	3	1	4	7	8	2	9	6
3	1	9	5	2	4	7	6	8
8	5	4	7	6	3	9	1	2
7	2	6	1	8	9	5	4	3

SUDOKU - 299 (Solution)

1	4	5	6	9	8	3	2	7
3	9	7	5	1	2	6	8	4
6	8	2	4	3	7	9	5	1
5	1	8	2	7	9	4	3	6
4	3	6	8	5	1	2	7	9
2	7	9	3	4	6	8	1	5
9	5	3	1	8	4	7	6	2
8	6	4	7	2	5	1	9	3
7	2	1	9	6	3	5	4	8

SUDOKU - 300 (Solution)

5	8	6	3	2	7	4	9	1
9	7	2	5	1	4	6	8	3
1	4	3	9	8	6	7	2	5
2	3	4	1	6	9	8	5	7
6	9	1	8	7	5	2	3	4
7	5	8	2	4	3	9	1	6
8	2	7	4	3	1	5	6	9
3	6	5	7	9	8	1	4	2
4	1	9	6	5	2	3	7	8

www.ingramcontent.com/pod-product-compliance
Lightning Source LLC
Chambersburg PA
CBHW082345220526
45470CB00008B/2644